Sección de Obras de Historia

LA CIENCIA DE MAYO

MIGUEL DE ASÚA

LA CIENCIA DE MAYO

La cultura científica en el Río de la Plata,
1800-1820

FONDO DE CULTURA ECONÓMICA

México - Argentina - Brasil - Chile - Colombia - España
Estados Unidos de América - Guatemala - Perú - Venezuela

Primera edición, 2010

Asúa, Miguel de
    La ciencia de Mayo : la cultura científica en el Río de la Plata, 1800-1820. -
1a ed. - Buenos Aires : Fondo de Cultura Económica, 2010.
    251 p. ; 21x14 cm. - (Historia)

    ISBN 978-950-557-831-3

    1. Historia Argentina. I. Título.
    CDD 982

Armado de tapa: Juan Balaguer
Foto de solapa: Juana Ghersa

D.R. © 2010, FONDO DE CULTURA ECONÓMICA DE ARGENTINA, S.A.
        El Salvador 5665; 1414 Buenos Aires, Argentina
        fondo@fce.com.ar / www.fce.com.ar
        Av. Picacho Ajusco 227; 14738 México D.F.

ISBN: 978-950-557-831-3

Comentarios y sugerencias:
editorial@fce.com.ar

IMPRESO EN ARGENTINA - PRINTED IN ARGENTINA
Hecho el depósito que marca la ley 11.723

ÍNDICE

AGRADECIMIENTOS

Al PRESIDENTE DE LA Fundación Carolina, Guillermo Jaim Etcheverry –*olim et semper magister meus*–, quien desde un primer momento se mostró entusiasmado con la idea de apoyar esta publicación. Al gerente general del Fondo de Cultura Económica de Argentina, Alejandro Archain, quien acompañó con amable interés todo el proceso de edición. A los profesores Alejandro Palomo y Analía Busala, y al profesor Gerardo Losada, bibliotecario de la Facultad de Filosofía de la Universidad del Salvador –Área San Miguel–, quienes colaboraron en la obtención de material bibliográfico. María Laura Piva tuvo la gentileza de enviarme fotocopias de material histórico de la Bibliothèque nationale de París. El personal de la biblioteca del Instituto de Historia Argentina y Americana "Dr. Emilio Ravignani" y las bibliotecarias de la sección "Hemeroteca" de la Biblioteca Central de la Facultad de Filosofía y Letras también prestaron su amable colaboración. El amigo doctor Gustavo Giberti, investigador del Consejo Nacional de Investigaciones Científicas y Técnicas (Conicet) a cargo del Archivo Bonpland del Museo de Farmacobotánica de la Facultad de Farmacia y Bioquímica, también me ayudó con generoso entusiasmo.

El núcleo de este libro fue un ensayo que en su momento recibió positivos comentarios de la doctora Amalia Sanguinetti de Bórmida y del doctor Julio Olivera, ambos colegas de la Academia Nacional de Ciencias de Buenos Aires. Las ocasionales pero estimulantes conversaciones que mantuve con José Carlos Chiaramonte durante el verano de 2008-2009 me ayudaron a perfilar varias ideas –el historiador mencionado, a quien me unen lazos de amistad profesional desarrollados durante los muchos años que compartimos el comité editorial de *Ciencia Hoy* (además del mutuo interés en las novelas policiales), no es responsable de las opiniones aquí vertidas–. Por un feliz azar, en los días en que estaba terminando la revisión del manuscrito, tuve el placer de discutir en Buenos Aires algunas ideas con los historiadores de la ciencia españoles Leoncio López-Ocón y Antonio Lafuente, en un rico y acelerado intercambio durante un lluvioso mediodía (ninguno de ellos es responsable de las interpretaciones expuestas en el libro).

Un artículo sobre la recepción de Carlos Linneo en el Río de la Plata que publiqué en *Ciencia Hoy* y una invitación de la Asociación Argentina de Astronomía a dar una charla sobre la historia de esa disciplina en nuestro país me ayudaron a explorar mejor aspectos particulares de la temprana historia de la ciencia en el Río de la Plata. Mi investigación en curso sobre la ciencia en las misiones jesuíticas del Paraguay –apoyada en su momento por una beca Guggenheim y por un subsidio de la Secretaría de Investigaciones de la Universidad Nacional de San Martín (UNSAM)– contribuyó en gran medida a proporcionar el telón de fondo necesario para encarar las preguntas que aspiro a responder aquí. Fue muy importante también la preparación de la exposición "Aimé Bonpland en Sudamérica", inaugurada en agosto de este año en el Museo Argentino de Ciencias Naturales con el apoyo del Servicio de Cooperación de la Embajada de Francia en la Argentina. Agradezco muy especial y cálidamente la generosa invitación de mi amigo Pablo Penchaszadeh para que participara en este proyecto. Como en otras ocasiones, Alberto Pochettino, director del Instituto de Investigación e Ingeniería Ambiental (3IA) de la UNSAM, apoyó con entusiasmo mi trabajo de investigación. Este libro fue escrito en mi condición de miembro de la Carrera de Investigador del Conicet.

El agradecimiento final y más profundo es a mi esposa Natividad y a mis hijos Ignacio y Javier, que toleraron con ya resignado estoicismo todos los inconvenientes familiares derivados de la redacción del manuscrito.

Villa Sarmiento, Haedo, Buenos Aires, septiembre de 2009

INTRODUCCIÓN

A FINALES DEL SIGLO XVIII y durante la primera década del siglo XIX, se desenvolvió en el Río de la Plata una cultura científica que, si bien naturalmente participaba de aquella común a otros territorios españoles en América, poseyó un perfil propio derivado de la situación peculiar de la región. La escala muy reducida, la tenue institucionalización, la necesidad de arreglárselas con los recursos locales por sobre aquellos vehiculizados desde la Península y una atmósfera protocosmopolita podrían ser considerados como rasgos peculiares de la cultura científica rioplatense. Por "cultura científica" entendemos las instituciones, los discursos, los instrumentos y los códigos asociados con la obtención y transmisión del saber sistemático que denominamos "ciencia moderna". En otras palabras: la suma de la cultura simbólica, la cultura material y sus intersecciones en el ámbito de la ciencia. Como veremos, en el Río de la Plata virreinal, lo que hoy podemos llamar ciencia y técnica consistía en una configuración de muchos elementos: los saberes profesionales de médicos, ingenieros y farmacéuticos, el discurso sobre filosofía de la naturaleza transmitido en los establecimientos de enseñanza, la disponibilidad y el uso de aparatos de medición, los declamados proyectos de aplicación de principios científicos a actividades productivas como la agricultura, la navegación y las artes e industrias, el interés por el conocimiento de la historia natural, las colecciones de libros especializados, en fin, el cultivo de las ciencias por aficionados y su difusión entre el público letrado. Todos estos son ingredientes de la cultura científica característica del Río de la Plata, entendida en sentido amplio y en sus múltiples dimensiones.

En la primera década del siglo XIX esta cultura científica participaba de ese movimiento de ideas de reforma social y económica, de modernización administrativa y militar, y de legitimación de una monarquía centralista que ha sido calificado como "Ilustración iberoamericana" o "Ilustracion católica" (Chiaramonte, 2007). Ya ha sido señalado cómo en Hispanoamérica la Ilustración convivió con la Iglesia católica de una manera más parecida a lo que sucedió en Alemania y el Imperio austro-húngaro que a lo que pasó en Francia (Tarragó, 2005: 191). Gran parte del ímpetu reformista anterior a la Revolución de Mayo llegó, como veremos, de la mano de la renovación del pensamiento económico. Este impulso, este florecimiento de la "economía política", se extendió hacia otras áreas del hacer y del decir, en particular en las ciencias aplicadas, por su estrecha vinculación con la producción y el intercambio de bienes (agricultura, artes y comercio). Una importante vía de promoción del conocimiento de las ciencias exactas estuvo ligada al pensamiento económico de Manuel Belgrano, que el prócer absorbió en España de varias fuentes, entre ellas, de los economistas políticos españoles Gaspar Melchor de Jovellanos y Pedro Rodríguez, conde de Campomanes. La prédica y la acción de Campomanes, encarnada en su *Discurso sobre el fomento de la industria popular* (1774), se desplegó en la fundación de las Sociedades Económicas de Amigos del País, tanto en las diversas regiones de España como en sus posesiones de América. Estas asociaciones tenían entre sus fines el cultivo de la historia natural y de las ciencias aplicadas. Si bien en el Río de la Plata no se fundó ninguna de estas sociedades, no por eso dejó de verificarse la típica insistencia ilustrada en la necesidad de un conocimiento útil, aplicable y beneficioso para el cuerpo social.[1]

No obstante lo que pudiera sugerir la difusión de autores como el conde de Buffon o Isaac Newton entre los sectores

---

[1] Es necesario aclarar que este libro se ocupa de la ciencia, y que los aspectos de técnica, ingeniería, medicina y agricultura serán tratados sólo desde el punto de vista de sus fundamentos.

educados, la cultura científica rioplatense estuvo lejos de ser "ilustrada" *tout court*. Es cierto que, como veremos más adelante, gran parte de su soporte textual consistió en materiales franceses dieciochescos o, más frecuentemente, textos españoles traducidos o derivados de aquellos. Pero el análisis permite distinguir otro cuerpo de lecturas vinculado a las enciclopedias de la naturaleza para el lector general y los manuales de física y electricidad experimental propios de la "ciencia jesuita" europea, tal como se cultivaba, por ejemplo, en Francia, en Italia, en las universidades del Imperio y en España antes de la disolución de la Compañía de Jesús. Este carácter ambivalente se manifestó también en otros aspectos de la ciencia rioplatense.

En el área de transmisión de la ciencia, la tradición de enseñanza escolástica de filosofía de la naturaleza en Córdoba y en Buenos Aires desempeñó un papel en la escena de la cultura científica de la época. Esta cuestión ha dado origen a una polémica ya centenaria acerca de cuánto se habría modernizado o renovado el escolasticismo en las aulas cordobesas y porteñas antes y después de los jesuitas, y en los años cercanos a Mayo. Es sabido que, dentro del currículo escolástico que se utilizaba en las universidades del mundo hispánico, el curso de filosofía de la naturaleza o *philosophia naturalis* ocupaba un lugar importante en la enseñanza de la filosofía que conducía al grado de Artes (título universitario obtenido al concluir los primeros tres años de la universidad, a los que seguían carreras como Derecho o Teología). Este curso, en general de un año de duración, consistía en la explicación de la estructura física del mundo según la cosmología aristotélica (básicamente, la expuesta en la *Physica* y el *De caelo*). Dicha exposición se efectuaba *more scholastico*, es decir, por medio de silogismos y sin uso de las matemáticas. Creo que ya hay suficientes elementos para concluir que, si bien ya desde la época de los jesuitas (antes de su expulsión en 1767) hubo en el Río de la Plata episodios y personajes "modernizadores", la enseñanza de la filosofía de la naturaleza no se destacó por su espíritu innovador. Al analizar las reformas del deán Gregorio Funes, veremos que este carácter tradicional perduró en épocas muy cercanas y aún posteriores a la Revolución.

Aquí entramos en una cuestión que compete de manera crucial a nuestro enfoque disciplinar, que es el de la historia de la ciencia. Los cursos de *physica*, que consistían en una filosofía de la naturaleza ecléctica que intentaba actualizar la física aristotélica con alguno de los sistemas cosmológicos del siglo XVII y con incrustaciones de casos experimentales, corresponden al mundo de la enseñanza en las universidades y en los colegios. Pero debe enfatizarse que hacia el siglo XVIII, tanto en España como en cualquier país europeo, este universo intelectual poseía escasa vitalidad. Las universidades, en su mayoría conservadoras, convivían con el cultivo y la práctica de la ciencia fuera de dichas instituciones. A partir de la revolución científica, la ciencia de las academias y sociedades científicas, la de los salones y los gabinetes privados, la de los jardines botánicos y zoológicos, la de las instituciones de enseñanza técnica y médica, pasó a constituir el sector más avanzado de la investigación del mundo natural. Entonces, si bien el análisis de la enseñanza universitaria no deja de tener interés para vislumbrar el perfil de la ciencia hacia 1810 en el Río de la Plata, sus resultados muestran sólo un aspecto (no el más representativo) del estado de la cultura científica en dicha situación histórica. Una prueba indirecta de esto es que si consideramos la más bien anquilosada enseñanza de la *physica* en la Universidad de Córdoba en los tiempos de la Compañía de Jesús (antes de la expulsión en 1767), veremos que contrasta mucho con el dinámico frente de investigación que se constituyó en las misiones jesuíticas. Éstas fueron mucho más libres, productivas y, en algunos casos, estuvieron integradas a la red de ciencia jesuita que, con sede en Roma, abarcaba el planeta. Esta peculiar tradición científica de las misiones fue continuada en Europa por los expulsados de la provincia de Paraquaria, pero no dejó otros rastros en el Río de la Plata ni en el Paraguay que los de su ausencia.

El enfoque que adoptaremos, como se dijo, es el de la historia de la ciencia, que nos llama a estudiar la cultura científica mediante los diferentes aspectos que pueden revelar el tejido de su complejidad. Nuestra primera pregunta orientadora es: ¿en qué consistía "hacer ciencia" (entendido el término históricamente) hacia 1810? La ciencia como cultura es ejercida por personas, está radicada en instituciones o circula por redes de comunicación, utiliza materiales, se aprende, se transmite y se vuelca en discursos que organizan modos de hablar; sus aplicaciones están íntimamente asociadas a intereses profesionales, económicos y políticos. ¿Cómo se articulaban todas estas dimensiones en la última época virreinal y en los primeros años de la Independencia?

Desde sus orígenes en el siglo XVII, la ciencia moderna estuvo muy vinculada al modo de organización política de las sociedades en donde surgió. Durante los años en que fue desenvolviéndose el largo proceso histórico que culminó en la Independencia de las Provincias Unidas del Río de la Plata, tuvieron lugar una serie de decisiones políticas, cambios institucionales, acciones individuales, así como una renovación de mentalidades y la aparición de ciertas figuras en el primer plano social que produjeron cambios en lo que había sido la cultura científica hasta 1810. Ciertamente, hubo considerables elementos de continuidad entre las novedades posteriores a Mayo y el estado de cosas del período preindependentista. Pero al ser el resultado de un proceso de "revolución" (un cambio social y político profundo que involucró acciones bélicas de considerable magnitud y que desembocó en un nuevo orden de cosas), la cultura científica posterior a 1810 se diferenció a sacudones de la ciencia virreinal. Las tres grandes revoluciones que precedieron o fueron coetáneas con nuestra Independencia (la independencia de las colonias inglesas de América del Norte, la Revolución Francesa y los movimientos independentistas en Hispanoamérica) llevaron a que la práctica de la ciencia se adaptase a una situación social de cambio traumático y violento. Aunque en el último capítulo trataremos esto con algo más de detenimiento, podemos adelantar que en todos estos casos de "ciencia revolucionaria" es posible distinguir un denominador común, y éste es que buena parte de las estructuras reales y simbólicas de búsqueda y transmisión del conocimiento científico se ajustaron a las nuevas condiciones en las que el elemento militar pasó a cobrar una nueva importancia. Algo análogo sucedió en los años de nuestra Independencia. En esa época, la práctica de la ciencia (y, sobre todo, de las profesiones con base científica) en gran medida se orientó al servicio de los ejércitos patriotas. Empero, debe advertirse que no toda la actividad científica se redujo a servir de instrumento al fin político-militar. Una buena parte de ella siguió transitando por caminos que ya habían comenzado a ser recorridos antes de Mayo, aunque sin duda las incidencias de la revolución también tiñeron a estas más pacíficas esferas de una coloración particular. Entonces, nuestra segunda pregunta es: ¿cómo se reorganizaron las instituciones, los recursos y las personas dedicados a las ciencias en el crucial período de transición política que tuvo como centro la Semana de Mayo y que señaló el comienzo manifiesto de la transición del régimen colonial al independiente en el Río de la Plata?

I. EL PODER DE LA ABSTRACCIÓN.
BELGRANO Y LAS CIENCIAS EXACTAS

EN ESPAÑA, durante el reinado de Fernando VI y la primera década del de Carlos III, se vivió un proceso que ha sido calificado como "militarización de la ciencia" (Lafuente y Valverde, 2003: 9). Lafuente ha señalado cómo a mediados del siglo XVIII se fundaron una serie de instituciones de perfil modernizador que aspiraban a tecnificar el ejército, la marina, la atención sanitaria y la producción: el Colegio de Cirugía de Cádiz (1748) y de Barcelona (1760), el Observatorio de Marina de Cádiz (1753), la Real Sociedad Militar de Madrid (1757), el Colegio de Artillería de Segovia (1762), las Academias de Guardias de Corps de Madrid (1750), de Artillería de Barcelona (1750), de Ingenieros de Cádiz (1750) y el Real Jardín Botánico de Madrid (1755), más una serie de cátedras y laboratorios de química aplicada. Una buena parte de todo este esfuerzo nacional estuvo orientada a establecer una relación más racional –y, en último término, comercialmente más productiva– con las posesiones imperiales fuera de Europa (Lafuente, 1982; Lafuente y Valverde, 2003). La idea-fuerza de la ciencia como fundamento de un comercio, una marina y un ejército más tecnificados y eficientes se va a repetir en el Río de la Plata. Durante el proceso de independización de la metrópoli, este virreinato adoptó la estrategia heredada de España, aunque por razones simétricamente opuestas.

A pesar del tan exaltado interés por la promoción científica del monarca borbón Carlos III, de sus ministros y de vastos sectores ilustrados de la sociedad educada, lo cierto es que España iba a la zaga de Francia e Inglaterra en cuanto a relevancia científica. Hubo un área, sin embargo, en la que brilló con luz propia: las expediciones de ultramar. No en vano fue española la primera expedición científica europea. Se trató de la expedición botánica a Nueva España (México) del médico Francisco Hernández, cuyos manuscritos fueron primorosamente encuadernados por Felipe II y depositados en su biblioteca de El Escorial, donde acabaron consumidos por las llamas –sólo vieron la luz a través de una versión mutilada de la *Accademia dei Lincei*– (Asúa y French, 2005: 93-104). Como esta precursora excursión del siglo XVI, las expediciones españolas del siglo XVIII también exhibieron la mezcla ambivalente del esfuerzo glorioso de sus participantes y los magros resultados debidos a cuestiones políticas o mera desidia burocrática. El mejor ejemplo de este patrón de cosas fue, sin duda, la triste suerte corrida por Alessandro Malaspina, quien, debido a sus ideas liberales e intrigas palaciegas, terminó su legendaria expedición confinado durante ocho años.

La Academia de Ciencias de París organizó la expedición de Charles-Marie de la Condamine, Louis Godin y Pierre Bouger, que partió en 1735 al Reino de Quito para determinar la forma de la Tierra mediante la comparación de la medida de un arco de meridiano en el ecuador y otro cerca del polo. Este procedimiento se entiende dentro del marco de la polémica entre el sistema de Newton y el de René Descartes, pues ambos diferían, entre otras muchas cosas, en la forma que tenía la Tierra (la expedición paralela, para medir en latitudes altas un arco de meridiano equivalente, se dirigió a Laponia). Los jóvenes guardiamarinas Antonio de Ulloa y Jorge Juan (que a la sazón tenían 19 y 22 años, respectivamente) se incorporaron a dicha expedición francesa, pues la condición de la autorización de Felipe V para que los enviados de la *Académie* visitasen territorio americano fue que estuviesen acompañados por expertos españoles. Juan desempeñó un papel destacado en la modernización de la marina, la técnica naval y la ciencia españolas durante el siglo XVIII. Veremos que su libro *Observaciones astronómicas y phisicas [...] en los Reynos del Perú* (Madrid, 1748), resultado de la expedición mencionada y que supone la cosmología newtoniana y por lo tanto el sistema copernicano, podía encontrarse en las bibliotecas de Buenos Aires junto con la *Relación histórica del viage* [sic] *a la América Meridional* [...] de Ulloa. Cuando en 1752 Juan fue nombrado director de la Academia de Guardias Marinas, en Cádiz, estableció allí el Observatorio Astronómico. En 1757, publicó el *Compendio de navegación para el uso de Caballeros Guardias Marinas*, que fue utilizado como texto en la Academia de Náutica del Consulado de Buenos Aires. Veremos que los ingenieros navales y militares y los médicos graduados de las instituciones de enseñanza surgidas de las reformas borbónicas alimentaron gran parte de la actividad de la ciencia en el Río de la Plata prerrevolucionario.

La enseñanza de la matemática aplicada constituyó una de las columnas vertebrales de la instrucción científica en Buenos Aires en los años cercanos a los sucesos de Mayo (la otra fue la enseñanza médica). La base institucional de este tipo de actividad fue el Consulado y su espíritu promotor fue Manuel Belgrano. La afirmación de Bartolomé Mitre de que Belgrano estaba animado por un "espíritu de orden matemático" es certera (Mitre, 1950: 211). Hay una nitidez y una concentración características en toda la enérgica promoción de las ciencias aplicadas que desplegó Belgrano desde su puesto como secretario del Consulado.

Los consulados eran juntas con funciones judiciales en materia económica que además fomentaban la agricultura, la ganadería, las industrias y el comercio. El de Buenos Aires fue creado por Carlos IV a comienzos de 1794 y su primer secretario, nombrado por el monarca, fue Belgrano, que regresó de España al Río de la Plata para hacerse cargo de sus funciones, las que desempeñó entre ese año y 1810 (con algunas interrupciones en las que fue secundado por Juan José Castelli). Durante esos 16 largos años, Belgrano intentó poner en práctica las ideas económicas fisiocráticas y liberales que había absorbido en España. Esta toma de posición, traducida en múltiples iniciativas, lo enfrentó con los intereses comerciales de los miembros de la corporación, que defendían el comercio monopolista (Gondra, 1923; Chiaramonte, 1982: 105-131). Desde el Consulado, Belgrano promovió la ciencia como fundamento del comercio (navegación), la agricultura, la industria y el conocimiento del territorio. Este modo de entender la ciencia, es decir, no como una especulación acerca de los principios de la naturaleza, sino como motor de las actividades productivas, era característico de la Ilustración y encontró su expresión en el Río de la Plata con la creación de la Academia de Náutica. Más aún, se entendía que el nervio y el fundamento de esa ciencia eran las matemáticas. En los exámenes del primer curso de la Academia de Náutica del 13 de marzo de 1802, Belgrano –haciéndose eco de la convicción ilustrada de que las ciencias exactas eran fuente y modelo de todo saber– exclamó que los alumnos "llevando en su mano la llave maestra de todas las ciencias y las artes, las matemáticas, presentarán al universo, desde uno al otro polo, el cuño inmortal de nuestro zelo patrio" (*Telégrafo Mercantil*, 21 de marzo de 1802, t. III, núm. 12, ff. 169-177).*

Esta proclama se lanzó cuando, debido al vacío de poder mercantil naval generado por las guerras napoleónicas, Buenos Aires llegó a tener su propia flota mercantil que llevó sus productos a Europa, América del Norte, África y las islas del océano Índico (Halperín Donghi, 1961: 57). Cuatro años más tarde, en una memoria leída el 28 de enero de 1806 durante los certámenes públicos de la Academia de Náutica, Belgrano pronunció un más articulado *éloge* de las matemáticas como ciencia. Las llamó "el ramo más útil de la sabia filosofía", y siguió diciendo que "apenas hay un objeto, sea natural, sea político, sea económico que no reciba de esta ciencia, de cantidades y proporciones, una como nueva vida que los eleva a un grado incalculable de perfección, de utilidad y puede ser de necesidad". "¡Oh ciencia incomparable, digna y agradable ocupación del alma de todos los habitantes del Globo!", exclamó el secretario del Consulado, para enseguida pasar revista a las maravillas de la ingeniería

---

* La referencia completa del *Telégrafo Mercantil* [en adelante, *TM*] puede consultarse en la bibliografía.

mecánica: "máquinas para sembrar, para regar, para cosechar las semillas [...]; máquinas para esquilar los vellones, para limpiarlos, hilarlos [...]; máquinas para serrar los montes, pulir las maderas [...]. En una palabra: la obra más preciosa que salió de la mano del Eterno come, viste, vive, se regala a beneficio de la Matemática" (*Semanario de Agricultura, Industria y Comercio*, núm. extraordinario entre el 19 y el 26 de febrero de 1806, entre los números 179 y 180, t. IV).* Belgrano concebía las maravillas de la Revolución Industrial como un resultado de las matemáticas. No importa que en esto se dejara guiar por la imaginación de su tiempo (la ciencia jugó un papel despreciable en la primera Revolución Industrial, producto de avances técnicos que nada tuvieron que ver con el conocimiento de los principios). Lo relevante es su convicción, expresada en una metáfora iluminista, de que el hombre y sus necesidades están rodeados por "mil antorchas que todo lo iluminan, pero colocadas por la sabia mano de la matemática". Belgrano no tenía conocimientos matemáticos particularmente avanzados, pero creía con firmeza en el poder "de las medidas y los números", una manifestación muy clara de que su fe en las ciencias exactas provenía de una convicción económico-filosófica de corte ilustrado.

LA ACADEMIA DE NÁUTICA

En la segunda de las memorias anuales, que redactó como secretario de Consulado (15 de julio de 1796), Belgrano propuso la creación de escuelas primarias gratuitas, escuelas para niñas, de agricultura, de comercio, de náutica, de arquitectura y de dibujo. Hay que aclarar que su concepto del "dibujo" incluía un enfoque que hoy denominaríamos científico-técnico, ya que lo consideraba importante para entender los planisferios, las esfe-

---

* La referencia completa del *Semanario de Agricultura, Industria y Comercio* [en adelante, SA] puede consultarse en la bibliografía.

ras celeste y terrestre, la esfera armilar y "los diseños de las máquinas eléctricas y neumáticas" (Belgrano, 1954: 77). La Escuela
de Dibujo, inspirada por Belgrano, comenzó a funcionar en 1799
con la dirección de Juan Antonio Hernández. Su existencia fue
efímera, pues la iniciativa fue desaprobada por una real orden
del 4 de abril de 1800. Según la propuesta original de febrero
de 1799 realizada por su director, que era dibujante y arquitecto, la Escuela de Dibujo debería haber enseñado "Geometría,
Arquitectura, Perspectiva y todas las demás especies de dibujo
que son tan interesantes a todas las Artes y Profesiones" (Besio
Moreno, 1995: 45 y 46). Durante su corta vida, la enseñanza en
dicha escuela se restringió al dibujo artístico de la figura. Tanto
esta escuela como la de náutica fueron suprimidas por la corte
española, pues, como relata Belgrano en su *Autobiografía*, "se
decía que estos establecimientos eran de lujo y que Buenos Aires
no se hallaba en estado de sostenerlos" (Belgrano, 1966: 27).

Las discusiones sobre la creación de la Academia de Náutica
se extendieron durante todo el año 1799. Si bien la propuesta fue
hecha por el piloto y agrimensor Juan Alsina, el espíritu propul-
sor de la empresa fue Belgrano, quien redactó su reglamento.
El Consulado dispuso un concurso de oposición para el cargo
de director que recayó en Pedro Antonio Cerviño, quien había
llegado al Río de la Plata como ingeniero de la tercera partida de
demarcación de límites, cuyo comisario era el capitán de fragata
Félix de Azara. Por su parte, Alsina permaneció por un tiempo
como segundo director, hasta que renunció y se llevó consigo a
cinco alumnos, no sin cierto escándalo. El motivo de esta fractura fue una confrontación de estilos y, en última instancia, un
asunto de categoría profesional. Cerviño era un ingeniero naval
con un amplio espectro de habilidades y competencias, y estaba interesado en la enseñanza de los fundamentos matemáticos
de la náutica. Por el contrario, Alsina aspiraba a la enseñanza
práctica propia de un piloto. En el discurso de la inauguración
de la academia del 25 de noviembre de 1799, Cerviño llamaba
explícitamente a que "no nos ciñamos a enseñar Pilotage [sic]", y

seguía con la recomendación del estudio "de la Geometría subli-
me, el cálculo diferencial e integral, el conocimiento de las curvas, las leyes de movimiento uniforme y variado" y otros temas
de mecánica elemental y fluidos (Besio Moreno, 1995, 170; cf.
121-135). La academia fue cerrada en 1806 por orden de Francisco Gil, ministro de Marina y capitán general de la Armada,
quien argumentaba que su creación debería haber sido aprobada por el comandante de Marina del Río de la Plata y habría
de funcionar con pilotos de la Armada. Dicho comandante era
el brigadier José Bustamante y Guerra, a cargo del Apostadero
Naval de Montevideo y antiguo comandante de una de las corbetas de la expedición de Malaspina. Por cierto, Bustamante no
tenía ningún interés en promover una academia de náutica en
Buenos Aires –entre otras cosas, porque Montevideo era la sede
de la escuadra española–. En todo caso, el boicot de Bustamante,
sumado a la exaltada (y quizás extemporánea) defensa del libre
comercio efectuada por Cerviño en toda oportunidad que se le
presentaba, contribuyeron al cierre de la Academia de Náutica
(Besio Moreno, 1995: 109-112; pero cf. Furlong, 1945: 151-156).

Hay que destacar que la condición de la Escuela de Náutica, que fue inaugurada el 25 de noviembre de 1799 y cuyo
funcionamiento se extendió hasta el fin de la primera invasión
inglesa (1806), siempre bajo la dirección de Cerviño, fue la
llegada al Virreinato de las cuatro "comisiones demarcadoras" de límites. El grueso de estas comisiones (o partidas),
nombradas a raíz del Tratado de San Ildefonso entre España
y Portugal (1777), arribó a Montevideo en mayo de 1782 y en
febrero de 1783 estaba en Buenos Aires. El numeroso personal encargado de los estudios topográficos para trazar la línea
de frontera que iba desde el Plata hasta el Alto Perú incluyó,
como veremos, a muchos de los protagonistas de las distintas
empresas vinculadas con la aplicación de las ciencias exactas a cuestiones políticas, náuticas, militares, topográficas,
geográficas y de ingeniería civil en el Río de la Plata durante
las décadas que precedieron y siguieron a la Revolución de

Mayo. El gallego Cerviño es un buen ejemplo de dicho grupo, cuyo miembro más destacado fue sin duda Azara, que llegó a Buenos Aires en 1781. Cerviño era un graduado de la Academia Naval del Ferrol. Además de su expedición al Chaco en 1783 y de su navegación por los ríos Paraná y Uruguay, mensuró el pueblo de Ensenada de Barragán por encargo del virrey Avilés. Bajo la dirección de Azara y con el piloto Juan Inciarte, elaboró a instancias del Consulado un mapa esférico del Virreinato (1798). En 1794, comenzó a hacer, por encargo del Consulado y con el piloto Joaquín Gundín (geógrafo de la primera partida), un sondeo de la costa desde el Riachuelo hasta el Convento de las Catalinas, que resultó en un mapa esférico del puerto con indicación de los accesos y los bancos que fue presentado en septiembre de 1798. Asimismo, preparó un plan de campaña contra los indios para ensanchar la frontera de Buenos Aires y en 1805 levantó un plano del arroyo Maldonado. Este activo ingeniero y topógrafo con intereses científicos escribía en el *Telégrafo Mercantil* y en el *Semanario de Agricultura* publicado por Hipólito Vieytes –en este último publicó sus registros meteorológicos para 1805–. También escribió un tratado no publicado sobre "Problemas astronómicos para calcular la Latitud y Longitud a Bordo" (Besio Moreno, 1995: 115-121; Tjarks, 1962: 562, 578 y 598). Cerviño fue, junto con Azara y el doctor Miguel O'Gorman, una de las figuras científico-profesionales más importantes en Buenos Aires durante los años previos a Mayo y sin duda un actor de primera magnitud de la sociedad virreinal tardía en el área de las ciencias exactas aplicadas y de la ingeniería.

Como hemos mencionado, en el momento de la inauguración de la Academia de Náutica, Cerviño había pronunciado un discurso, cuyo título era "El tridente de Neptuno es el cetro del mundo". Fue una defensa ardorosa de la libertad de comercio que irritó de tal manera al prior del Consulado y cerrado defensor del monopolio Martín de Álzaga, que éste instó a que todos los ejemplares impresos del discurso del flamante director fueran quemados (Tjarks, 1962: 830 y 831). Cerviño proclamó en su alocución que las escuelas, como la de náutica que inauguraba, "ilustran a los moradores de la Patria y la despertarán del largo sueño" de la ignorancia, pues "de la ilustración se debe esperar todo bien". De las ciencias, "las Matemáticas ocupan el primer lugar y nos presentan un objeto inmenso". En el resto de esta sustancial pieza oratoria, Cerviño expuso muchos de los proyectos de reforma del Consulado: la habilitación de los puertos de Maldonado, Colonia y Ensenada para evitar la exclusividad del de Montevideo, la exportación irrestricta de los "frutos del País", la necesidad de levantar mapas para "el conocimiento físico y Geográfico del País" y la urgencia de promover el cultivo de lino y cáñamo (tema al que Belgrano había dedicado su memoria anual dos años antes, en 1797) (Besio Moreno, 1995: 159-173).

Siete años más tarde, en los certámenes del 27 al 29 de enero de 1806, Cerviño volvió a la carga con su idea de que los pilotos debían poseer un sólido fundamento en las ciencias exactas. El director de la Escuela de Náutica efectuó una apoteosis de la astronomía, a través de una historia más bien legendaria de dicha ciencia desde Copérnico hasta Alexis Clairaut, Leonhard Euler y Jean d'Alembert, que se centraba en los logros "del inmortal Newton". En el discurso queda claro que Cerviño, quien participaba del espíritu de Belgrano, aspiraba a que la escuela no sólo formara pilotos, sino que proporcionara una educación matemática que pudiera ser aplicada a otras profesiones. Es por eso que se había incorporado al programa la enseñanza del álgebra, las curvas cónicas y el "cálculo infinitesimal, cálculo maravilloso, cálculo sorprendente, cálculo que hará inmortales los nombres de Newton y Leibniz", pues ha permitido, decía el director de la academia, "desatar los nudos más intrincados" de la dinámica y la hidrodinámica. Es muy revelador que en este discurso de 1806 Cerviño efectuase una síntesis de la teoría newtoniana de la gravitación y sus consecuencias para la explicación del sistema del mundo y una serie de fenómenos, según los *Principia* y en un lenguaje adaptado

a un público general (sa, núm. extraordinario entre el 19 y el
26 de febrero de 1806, t. ɪv). Esto debe ser subrayado, pues
es congruente con las condiciones culturales del momento en
el Río de la Plata que Newton haya ingresado sin dificultades
al discurso de la enseñanza profesional con base matemática,
mientras su aceptación en la enseñanza universitaria de la filosofía de la naturaleza era sólo parcial y conflictiva.

En esos certámenes de 1806, Belgrano pronunció dos discursos. El primero, del 28 de enero, ya fue mencionado más
arriba. Al día siguiente, durante su alocución en la entrega
de premios, Belgrano se encendió en un *crescendo* retórico,
al declarar que los egresados de la academia tenían en sí "las
semillas del hombre científico" que crecerían hasta formar "el
hombre sabio" y "el hombre de bien", es decir, "un patriota
benéfico a sus ciudadanos" (sa, núm. extraordinario entre el
19 y el 26 de febrero de 1806, t. ɪv). Vemos que en 1806 tanto
Cerviño como Belgrano acentuaron los valores intrínsecos del
conocimiento de las ciencias y la virtud cívica, respectivamente, y que el énfasis en los beneficios comerciales de la ciencia,
propio de los discursos iniciales de 1799, se fue atenuando.
Este camino discursivo de seis años quizás refleje el progresivo ascendiente de Cerviño en la academia. Recordemos que
éste aspiraba a transformarla en una virtual escuela de matemática aplicada. Así culmina, para todos los fines prácticos,
esta etapa de la Academia de Náutica, pues Cerviño la aban-
donó poco después, debido a su participación en la primera
invasión inglesa como comandante del Tercio de Gallegos.
La orden real de desaprobación de la academia, de enero de
1807, llegó a Buenos Aires en agosto de ese año, lo cual coincidió con el regreso a Montevideo de Bustamante y Guerra. Evidentemente, la larga rivalidad entre el Consulado y el
puerto de Montevideo, privilegiado por la Corona en cuanto
a las franquicias del tráfico de negros otorgada en la década
de 1790 y como sede de la flota de guerra, repercutía en la
férrea oposición del gobernador de Montevideo a la escuela

(Tjarks, 1962: 559-571). Puede ser, además, que Bustamante haya pensado establecer una escuela de náutica en Montevideo (Pierrotti, 1999).

Según el reglamento que había escrito Cerviño para la Escuela de Náutica, se usaría el "Curso de Matemáticas que dio Bézout para el uso de los marinos" (Besio Moreno, 1995: 150). Probablemente se tratase del *Cours de mathématiques, à l'usage des Gardes du Pavillon et de la Marine, avec un traité de navigation* (París, 1764-1769), de seis volúmenes, por ser un tratado para la formación de oficiales de marina. Pero no puede descartarse que haya sido el *Cours complet de mathématiques, à l'usage de la marine et de l'artillerie* (París, 1780), también de seis volúmenes, pero más avanzado. Me inclino por el primero, pues a renglón seguido Cerviño aclara que "los ejemplos y medidas se ajustarán a nuestro uso", siguiendo el tratado de navegación de don Jorge Juan. Es decir, el director de la escuela pensaba usar el curso de Étienne Bézout, con excepción del tratado práctico, que sustituiría por el *Compendio de navegación* de Jorge Juan, que ya mencionamos. Los libros de Bézout fueron traducidos al inglés y eran de uso corriente en el siglo XIX en Estados Unidos. A comienzos del siglo XIX, el Consulado de Buenos Aires aprovechó que el matemático catalán Benito Bails estaba haciendo una nueva edición de sus *Principios de matemáticas para la Academia de San Fernando* en tres volúmenes (la primera fue en Madrid, 1758) y encargó 300 ejemplares de la reedición, que costaron 4.500 reales de vellón y que llegaron a Buenos Aires en 1805 (Tjarks, 1962, vol. II: 834). Besio Moreno enumera (imprecisamente) algunas obras disponibles en la biblioteca de la escuela, además de las recién mencionadas:

> [el tratado] de astronomía de Lalande; de demarcación; de exposición del cálculo astronómico; de instrumentos de Magallanes (siete ejemplares); ocho tablas de conocimiento del tiempo; tres efemérides de Lalande; dos atlas celestes y el de Hansteed;

dos almanaques náuticos con sus tablas y las tablas de Gandiner, 1770, dos ejemplares; dos de Mayer y las de Halley (Besio Moreno, 1995: 79).

En realidad, donde dice "Hansteed" debe leerse Flamsteed, pues se trata del *Atlas coelestis* (1729) de dicho astrónomo inglés; por "Gandiner" debe leerse W. Gardiner, *Tables of Logarithms* (Londres, 1742), que fueron traducidas al francés y publicadas en París en 1793. Es evidente que la bibliografía de la Escuela de Náutica era actualizada y la mejor disponible en ese momento.

A poco de su llegada al Río de la Plata, Carlos O'Donnell, nacido en La Coruña, comenzó a colaborar con la escuela de náutica de Cerviño y, al cierre de ésta, solicitó permiso al Consulado para establecer una academia de matemáticas a su cargo, lo que la Junta de Gobierno consideró en septiembre de 1807. La academia fue aprobada y comenzó a funcionar, pues en agosto de 1808 hubo certámenes. Esta escuela ocupó durante un año el aula de la antigua Academia del Consulado (Besio Moreno, 1995: 112 y 113; Tjarks, 1962: 837).

Como tantas otras iniciativas relativas a la ingeniería y a las ciencias exactas, los antecedentes de las academias de matemáticas del Virreinato deben ser buscados en las comisiones demarcadoras. A partir de febrero de 1782, el ingeniero marsellés José Sourryère de Souillac, quien había sido profesor en la Academia Naval del Ferrol y llegó a Buenos Aires en 1773, abrió una academia para la práctica de los oficiales demarcadores, en la que colaboró el teniente de fragata Miguel Rubín de Celis (a quien luego volveremos a encontrar). En la casa de Sourryère de Souillac, situada en la esquina sudoeste de la Plaza Nueva de Buenos Aires, en 1782 se montó un observatorio desde el cual los oficiales de las partidas demarcadoras efectuaron muchas observaciones astronómicas, como las registradas por el propio Sourryère y aquellas anotadas en la memoria de Andrés de Oyarvide, que comentaremos más adelante. En 1791 José García Martínez de Cáceres, comandante del Real Cuerpo de Ingenieros, propuso erigir en Buenos Aires una academia militar, pero esta iniciativa no se concretó (Sourryère de Souillac, 1837; Furlong, 1945: 145; Martín *et al.*, 1976-1980, vol. ɪ: 83; Pierrotti, 1999). En 1800 se abrió en Montevideo una Academia de Matemáticas y de Ordenanza para los cadetes de los tres regimientos de la plaza, que habría funcionado hasta 1810. Estaba a cargo del ingeniero militar Agustín Ibáñez Matamoros y consistía en cuatro cursos de nueve meses cada uno, en los que se enseñaba: 1) aritmética; 2) geometría, fortificación, artillería y cosmografía, uso de instrumentos y náutica; 3) cosmografía (continuación), estática, maquinarias e hidrostática; 4) planos, topografía y dibujo militar (Pierrotti, 2000). Muy diferente de todos estos prolegómenos, por el contexto histórico y por su naturaleza, fue la Academia de Matemáticas que el Consulado abrió como consecuencia de la Revolución de Mayo.

La Academia de Matemáticas de Sentenach

La Academia de Matemáticas abierta en Buenos Aires en septiembre de 1810, subvencionada por el Consulado y con la dirección del teniente coronel Felipe Sentenach, tuvo otro carácter que el de la Academia de Náutica, exigido por los nuevos tiempos, posteriores a Mayo: todos los oficiales y cadetes de la guarnición debían ser sus alumnos. "La matemática es la ciencia más útil para un militar", afirmaba su director en la propuesta de creación de la escuela, que fue elevada un mes antes de su apertura. El plan de Sentenach contemplaba que un "oficial particular" (de infantería) necesitaba conocer cuatro materias: aritmética, geometría plana y trigonometría, geometría práctica y fortificaciones. Los oficiales ingenieros y artilleros deberían estudiar otras cuatro: álgebra, secciones cónicas, principios de mecánica y estática, y nociones generales de geografía (Furlong, 1945: 190-193; Gutiérrez, 1998: 193-196). De nuevo, es Belgrano quien aparece como protector de la nueva institución.

En el discurso inaugural, pronunciado un festivo 12 de septiembre en los salones del Consulado, con la presencia de la Junta de Gobierno, el Cabildo, la Audiencia y al son de música marcial, el futuro vencedor de Salta y Tucumán anunciaba que los jóvenes que seguían la profesión militar hallarían en dicho establecimiento "todos los auxilios que puede suministrar la ciencia matemática, aplicada al arte mortífero, bien que necesario de la guerra" (*Gaceta*, 17 septiembre de 1810, vol. I: 396). Una semana antes, Belgrano había sido nombrado comandante de las fuerzas de la Banda Oriental y el 22 de ese mes se extendió su autoridad al litoral y al Paraguay. Ya comenzaba la guerra.

Sentenach propuso un plan que comprendía dos niveles: para los oficiales, de un año, y para los oficiales ingenieros y artilleros, de un año y medio. La academia funcionó por dos años, pues su director fue fusilado en julio de 1812 por participar en la conspiración de Álzaga, de quien había sido conmilitón en la conjura de la primera invasión inglesa, en 1806. En ese momento, en la Buenos Aires ocupada por los británicos, el ingeniero Sentenach y otro catalán, el ingeniero Gerardo Esteve y Llach, planearon cavar dos túneles para hacer detonar dos minas: hacia el fuerte donde estaba William Beresford, y hacia el cuartel de La Ranchería donde se alojaba el Regimiento 71° de Highlanders. Disfrazado, Sentenach visitó varias veces los objetivos a fin de tomar las medidas para saber dónde colocar los explosivos. El complicado plan, que involucró a 500 personas y que fue financiado por Álzaga, exigió organizar una fábrica improvisada de municiones, plausiblemente dirigida por Sentenach. La intentona se abortó con la llegada de Liniers (Mitre, 1950: 69 y 70).

Como hemos visto, la Academia de Náutica había desarrollado un programa de estudios orientado hacia la formación de pilotos, marinos e incluso de todo aquel que necesitase conocimientos matemáticos. Sus contenidos, impresos por Cerviño, iban bastante más allá de las inmediatas necesidades prácticas de la navegación, prueba de lo cual es que Alsina, al retirarse de ella, siguió operando una escuela de pilotaje privada donde se impartía instrucción meramente práctica (Tjarks, 1962: 836). En cambio, por su parte, la Academia de Matemáticas de Sentenach estaba orientada a formar oficiales y su plan de estudios era funcional y ceñido a este objetivo. Esta diferencia es uno de los indicadores sensibles de las transformaciones en la instrucción de base científica provocada por la Revolución. Como afirmó Juan María Gutiérrez, "en los albores de la revolución no se solicitaba el auxilio de las ciencias para construir puentes, para trazar caminos, para adelantar en el conocimiento de la geografía patria; solicitábase, sí, para proveer a las necesidades de la defensa y para formar militares inteligentes" (Gutiérrez, 1998: 184). En la *Gaceta* del 5 de marzo de 1817 (núm. 11, pp. 43 y 44 [vol. v: 81-82])* se anunciaba que el sargento mayor de artillería José María Rojas, a cargo de la Fundición Militar de Buenos Aires, situada en la abandonada iglesia jesuita Nuestra Señora de Belén, había fundido en poco más de un año 22 cañones de batalla "de a 4" y tres cañones de montaña. El artículo se inicia con la sugestiva frase: "Decía la Corte de Madrid quando [sic] desaprobó las academias de náutica y dibuxo establecidas en esta capital, que bastaba a los americanos el que supiesen leer y escribir. No es pues de extrañar que no quisiera que supiesen fundir cañones". La bravuconada patriótica revela la percepción del íntimo lazo entre el saber técnico y el poder de fuego de una población.

La academia fantasma

La *Gaceta* del 1° de enero de 1813 (núm. 39, p. 181; vol. iii: 369) informó acerca de la creación de otra academia en sustitución de la de Sentenach, para enseñar matemáticas, arquitectura civil, militar y naval, de nuevo bajo la dirección de Cerviño. Los cadetes de la guarnición estaban obligados a concurrir. Debido a la falta de noticias sobre la academia y la actividad de Cerviño

---

* Se cita la edición señalada en la bibliografía. Los números entre corchetes corresponden al tomo y páginas de la edición facsimilar.

entre 1813 y 1816, Juan M. Gutiérrez puso en duda que esta escuela haya atravesado la etapa del proyecto (Gutiérrez, 1998: 185).[1] En su sólido estudio sobre el Consulado, Germán Tjarks afirma que en esta academia –que habría funcionado en las aulas del Consulado con la colaboración de Felipe Senillosa– se habrían enseñado ciencias exactas, fortificación, armas y tiro de artillería, explosivos y arquitectura (Tjarks, 1962: 838). Lo más probable es que, tal como los ambiciosos proyectos educativos anunciados en 1812, este instituto haya pasado a engrosar la lista de las fantasmagóricas creaciones de esos primeros años de la Revolución.

LAS ACADEMIAS DE MATEMÁTICAS DEL EJÉRCITO DEL NORTE

Un argumento indirecto de que la "segunda academia" de Cerviño, la de 1813, no tuvo existencia duradera puede buscarse en los diferentes intentos efectuados en los ejércitos patrios para solucionar el problema de la formación de los oficiales y soldados, que hacia 1812 se había tornado crítico. En septiembre de 1811, el Segundo Triunvirato, con Bernardino Rivadavia como ministro de Guerra, estableció un Estado Mayor y nombró jefe de éste al coronel Francisco Xavier de Viana (Piccirilli, 1960, vol. I: 183-185). En una nota al Triunvirato del 1° de agosto de 1812, Viana se preguntaba, en relación con el vacío dejado por el derrumbe de la Academia de Matemáticas de Sentenach: "¿Cuál será la suerte de la milicia en adelante, sin un Colegio de Matemáticas en la provincia o un establecimiento científico que pueda dar oficiales al Estado?". La solución que encontró fue abrir una academia en su propio regimiento, a cargo de un oficial que enseñaba "aritmética, geometría, trigonometría, fortificación de campaña e ideas generales de la plaza", mientras que planeaba abrir "una escuela de primeras letras para sargen-

[1] El ingeniero Juan Carlos Nicolau (2005: 16), que recientemente ha revisado esta historia, no se expide respecto al funcionamiento o no de esta academia.

tos, cabos y soldados". Su nota concluye con una síntesis muy expresiva de la situación: "Quisiera poder decir: la Patria cuenta con militares científicos; yo he tenido una parte principal en su fomento" (Palcos, 1936: 223-225). Había antecedentes de la solución de Viana. En diciembre de 1811, en el Ejército del Norte, en Jujuy, Juan Martín de Pueyrredón ya había establecido la Academia General de Oficiales bajo la dirección del sargento mayor de Dragones Toribio de Luzuriaga y una escuela a cargo del teniente coronel Ignacio Warnes para los soldados (Martín *et al.*, 1976-1980, vol. i: 162).

Cuando, en enero de 1814, San Martín se hizo cargo del Ejército del Norte en Tucumán, estableció una academia de matemáticas. En una nota al gobierno del 4 de marzo de 1814, nuestro libertador declaraba que "no puede existir un ejército sin que lo acompañe un número de oficiales de conocimientos matemáticos". Reunió a varios que cumplían este requisito bajo la dirección del teniente coronel Enrique Paillardelle, a quien había mandado que abriese "una academia de aritmética y geometría para instrucción de los oficiales del ejército que voluntariamente quisieran estudiar" (citado en Mitre, 1890, vol. i: 257). Cuando dos años más tarde, en agosto de 1816, Belgrano retomó el mando de dicho Ejército, también organizó una escuela para los soldados y una academia de matemáticas para los cadetes. La puso a cargo del oriental José María de Echandía, artillero que luego pasó a un regimiento de zapadores y finalmente fue promovido a capitán de ingenieros a los 22 años. Debido a un problema con un cadete en 1817, Echandía fue trasladado a la isla Martín García para dirigir las fortificaciones (Martín *et al.*, 1976-1980, vol. i: 162).

Entre los alumnos de la academia de Tucumán, estuvieron Juan Crisóstomo Lafinur y José María Paz (Nicolau, 2005: 30 y 31). (Es conocido el pasaje del *Facundo* en que Domingo Sarmiento dice que, para Paz, "una batalla es un problema que resolverá por ecuaciones, hasta daros la incógnita, que es la victoria" [Sarmiento, 1938: 171].) En el poema de Lafinur

"A la muerte del general Don Manuel Belgrano", se leen los siguienes versos:

> Ora el genio se presta, y lo engrandece:
> corre la juventud, y a la natura
> la espía en sus arcanos, la sorprende,
> y en sus almas revienta de antemano,
> el germen de las glorias.

En el último verso hay una llamada que indica que "el germen de las glorias" es figura de "la Academia de matemáticas establecida en Tucumán para la instrucción de los caballeros cadetes y a la que el autor [Lafinur] tuvo el honor de pertenecer" (De la C. Puig, 1910: 48-51). En dicha academia Lafinur conoció y admiró a Dauxion Lavaysse (Varela Domínguez de Ghioldi, 1938: 47). Para poder apreciar quién era este personaje hay que remontarse hasta la acción del militar y político chileno José Miguel Carrera, gobernador de Chile en el período de la Patria Vieja (1810-1814) y rival de Bernardo O'Higgins. En noviembre de 1815, Carrera se embarcó hacia Estados Unidos con el objetivo de reclutar una flota, armas y oficiales para liberar Chile, que había sido ocupado por los españoles. Después de muchos incidentes, el 5 de febrero de 1817 Carrera llegó a Buenos Aires en la corbeta *Clifton* con treinta oficiales, la mayoría de ellos franceses que habían quedado a la deriva después de la caída de Napoleón. Dos de ellos nos importan: J. J. Dauxion Lavaysse y Carlos A. Lozier. A esa altura ya había tenido lugar la batalla de Chacabuco y Carrera se había quedado sin plan. Enemistado mortalmente con O'Higgins, urdió una conspiración que en la historia argentina se conoce como la "conjura de los franceses". Dauxion Lavaysse denunció la conspiración de Carrera al gobierno de Buenos Aires, por lo cual los hermanos de éste fueron encarcelados. A la larga, el 31 de abril dos franceses fueron fusilados en Buenos Aires (Carlos Robert y Juan Lagresse), mientras que el ingeniero Narciso Parchappe y otros fueron expulsados (Calvo, 1865: 121-170). Parchappe, un oficial de artillería estudiante de la École Polytechnique, había sido contratado por Rivadavia en París, en 1818 (Instituto de Investigaciones Históricas, 1933-1936: 276 y 277). Expulsado de Buenos Aires, se dirigió a Corrientes. A fines de la década de 1820, Parchappe colaboró con el naturalista francés Alcide d'Orbigny y en 1828 construyó dos fortificaciones en la provincia de Buenos Aires: el fuerte 25 de Mayo, en Cruz de Guerra, y la Fortaleza Protectora Argentina, en Bahía Blanca. Parchappe fue, junto con el coronel Ramón Estomba, uno de los fundadores de dicha ciudad y el responsable de su traza (Martín et al., 1976-1980, vol. I: 216 y 217).

Otro naturalista francés, el famoso Aimé Bonpland, que hacía muy poco había llegado a Buenos Aires contratado por Rivadavia y Belgrano, también fue acusado de participar en la conjura, pero demostró su inocencia (Ruiz Moreno et al., 1955: 40-73). Lavaysse, que había efectuado la denuncia, fue incorporado con grado al Ejército del Norte por Pueyrredón, y así Belgrano lo nombró director de la academia.

Dauxion Lavaysse había nacido en Francia, pero pronto pasó a Santo Domingo, donde su familia tenía una plantación. Con la revolución de los esclavos en Haití, debió partir y comenzó a viajar por el Caribe. Como resultado de esta excursión, publicó más tarde en París el libro *Voyage aux îles de Trinidad, de Tabago* [sic], *de la Marguerite, et dans diverses parties de Vénézuela* (1813). Lavaysse se incorpó al ejército napoleónico y, con la caída de Bonaparte, fue empleado por el nuevo régimen en una misión de espionaje a Haití que terminó en un escándalo. Después de su reincoporación al ejército durante "los cien días" de Napoleón, fue acusado de bigamia y huyó a Estados Unidos, donde fue reclutado por Carrera. Durante su estancia en Tucumán, "se conquistó el crédito de un sabio verdadero en ciencias naturales, que eran el tema favorito de sus conversaciones", y publicó el periódico *El Restaurador Tucumano*. Posteriormente se casó (infiero que por tercera vez) y en 1820 participó políticamente en la separación de Santiago del Estero de Tucumán. Al

fin consideró prudente aceptar la oferta de O'Higgins de hacerse
cargo como director de un museo de historia natural que aquél
quería organizar en Santiago (Barros Arana, 1911: 250-263;
Santillana, 1956-1964, vol. IV: 368).

Un relato de dos academias

Cuando Carlos María de Alvear era director supremo (durante
los tres primeros meses de 1815), su secretario de gobierno Nicolás Herrera encomendó a Rivadavia y a Belgrano, entonces
en Europa, que contratasen profesores de matemáticas, "prefi-
riendo a los Españoles por la unidad del idioma" (Instituto de
Investigaciones Históricas, 1933-1936: 257-259; véase Heredia,
1990: 5). El resultado de estas gestiones fue la llegada a Buenos
Aires de dos matemáticos: el español Felipe Senillosa y el mexicano José de Lanz. Ambos tenían historias personales paralelas
que incluían, sucesivamente, la oposición a Bonaparte, el ingreso a los ejércitos napoleónicos y la huida a Inglaterra luego de
la caída del emperador. Mientras que la actuación de Senillosa
en el Río de la Plata se mostraría larga y fructífera, la de Lanz
sería breve.

Felipe Senillosa nació en Barcelona y estudió de muy joven en la Academia de Ingenieros de Alcalá de Henares. A
los 15 años estaba peleando en la defensa de Zaragoza bajo
las órdenes de Palafox contra el ejército invasor napoleónico.
Cuando cayó preso, pasó a revistar en el ejército francés como
ingeniero, lo que se vio facilitado por sus ideales republicanos.
Fue edecán del general de ingenieros Éléonor-Zoa Dufriche
de Valazé y participó de varias acciones en Alemania, como
la batalla de Leipzig. Luego de que Napoleón fuera derrotado,
Senillosa volvió a España y, por obvios motivos, con la restauración de Fernando VII, se vio obligado a emigrar. Entonces
partió hacia Londres, donde fue contactado por Rivadavia
y Belgrano, quienes hacía poco habían llegado a esa capital

(Zinny, 1868: 343-369). Senillosa llegó a Buenos Aires en 1815 a los 21 años y, desde su periódico *Los Amigos de la Patria y de la Juventud*, se trasformó en un propagandista de ideales liberales. En 1817 publicó en Buenos Aires una *Gramática española o principios de la gramática general aplicados a la lengua castellana* y al año siguiente un *Tratado elemental de arismética* [sic] *dispuesto en xxiv lecciones para instrucción de la juventud* (véase el anuncio de su aparición en la *Gaceta* del 7 de marzo de 1818, núm. 61, p. 156 [vol. v: 342]). El primer libro fue elogiado por el secretario de la Real Academia de la Lengua, y es interesante que en el segundo el autor mencione el sistema métrico decimal como "uno de los más bellos adornos de la historia en las páginas de nuestros días" (citado en Tonelli, 1941). El sistema métrico era el símbolo de las corrientes de pensamiento matemático vinculadas a la Revolución Francesa –más tarde Senillosa redactaría una memoria sobre el sistema métrico por encargo del gobierno–.

José de Lanz era mexicano, pero estudió en la Escuela de Ingeniería de Caminos de Madrid y luego fue a París. En Francia estudió matemáticas y publicó con Agustín de Betancourt y Molina un *Essai sur la composition des machines* (1ª ed. de 1808, pero hubo subsiguientes). De vuelta en Madrid, se incorporó al gobierno de José Bonaparte en el Ministerio del Interior. Fue director del Depósito Hidrográfico, participó en la confección de una carta general de España, fue autor de un proyecto para la formación de un cuerpo de ingenieros civiles, censor de libros de geografía y astronomía y, más tarde, fue nombrado prefecto de Córdoba [España] (Bertomeu Sánchez, 2001). Restaurada la monarquía borbónica en España, Lanz pasó a París y, con la caída de Napoleón, se dirigió a Londres, donde lo encontró Rivadavia. Éste acordó que Lanz se desempeñaría como profesor de ciencias exactas y naturales y director de la Academia de Matemáticas de Buenos Aires, pero a la vez le confió una misión diplomática secreta, que consistía en la entrega a Manuel García, representante de las Provincias

Unidas en Río de Janeiro, de un mensaje y de un sistema cifrado para futuras comunicaciones. Una vez en Buenos Aires, Lanz se ganó la confianza del director Pueyrredón y fue el encargado de las comunicaciones cifradas entre éste y Rivadavia, que seguía en Europa (Heredia, 1990).

A comienzos de 1816, Senillosa elevó una propuesta para crear una academia de matemática para ingenieros militares, que fue transferida por el Directorio al inspector de armas Manuel Gascón, quien contestó que eran más necesarios los artilleros que los ingenieros, debido a que en América no había fortificaciones que tomar (Martín *et al.*, 1976-1980, vol. I: 159 y 160). De todas maneras, el gobierno a cargo del director supremo Ignacio Álvarez Thomas –que en tres meses habría de caer–, por decreto del 20 de enero de 1816, creó una academia para que se enseñasen "las matemáticas y el arte militar" a cadetes, oficiales voluntarios o individuos particulares no menores de 15 años, dado que "el estudio de las matemáticas se ha considerado siempre como el primero y único elemento sólido de la ilustración y jamás podrá esperarse el progreso de los conocimientos en ninguno de los ramos útiles al hombre en particular y la sociedad en general, sin la aplicación de los axiomas que hacen al alma de aquella ciencia" (*Gaceta*, 27 de enero de 1816, núm. 40, p. 161; vol. IV: 467). Esta academia del Estado, donde se aceptaban civiles, fue puesta a cargo de Senillosa y comenzó a funcionar el 22 de febrero de 1816 (*La Prensa Argentina*, 5 de marzo de 1816, núm. 25; VII: 6056).* A mediados de ese año hubo exámenes. Éstos dieron oportunidad al articulista de *El Censor* para explayarse, rapsódicamente y a fuerza de lo que ya era un lugar común, acerca de "los principios del inmortal Newton y el célebre Copérnico", que echaron por tierra "una ciencia infusa con pretensiones

---

* La referencia completa de *La Prensa Argentina* [en adelante, LPA] puede consultarse en la bibliografía. Los números después del punto y coma corresponden al tomo y la página de la edición facsimilar en la Biblioteca de Mayo.

de universal" (*EC*, 5 de septiembre de 1816, núm. 54; vɪɪɪ: 6957 y 6958).*

Increíblemente, una semana más tarde, el 1° de marzo de 1816, abrió sus cursos *otra* academia de matemáticas, la del Consulado. En efecto, en agosto de 1815, dicho cuerpo había vuelto a considerar la posibilidad de reabrir una escuela de matemáticas, proyecto impulsado por el síndico Pedro Capdevila. En cuanto al posible director de la escuela, se discutieron las candidaturas de Cerviño y del sargento mayor Manuel Herrera, que era criollo (había nacido en Montevideo). Senillosa fue nombrado ayudante y Cerviño renunció a la candidatura –se ha afirmado que lo hizo precisamente por el nombramiento de Senillosa, debido a que habría habido cierta fricción entre el antiguo director de la Academia de Náutica y el joven de ideas liberales (Aramburu, 2007)–. El caso es que, con la renuncia de Cerviño, quedó propuesto como director Herrera, quien rindió examen ante Sourryère de Souillac, José María Echandía y el renunciante Cerviño, y fue aprobado (Tjarks 1962: 839 y 951).

El nombramiento no transcurrió sin problemas. En *La Prensa Argentina* del 23 de enero de 1816 se publicó una carta firmada "Benjamín Anacleto, Indio Pampa, Retratista" en la que se critica que las materias del examen al que se sometió Herrera sólo cubrieran el primero de los tres tomos de la "obra chica" de Bails o los dos primeros de la "grande" (*LPA*, núm. 19; vɪɪ: 6020). Se trata, respectivamente, de los *Principios de Matemáticas* (1776), ya mencionado, y la más importante: *Elementos de matemática* (1772-1783). El golpe final de la carta ("Yo creo, sin embargo, que no faltan entre nosotros sujetos que puedan merecer el nombre de matemáticos") y la renuncia de Cerviño sugieren que hubo un conflicto no menor alrededor del nombramiento de Herrera. Éste hizo su descargo en el número siguiente del periódico, que

---

* La referencia completa de *El Censor* [en adelante, *EC*] puede consultarse en la bibliografía. Los números después del punto y coma corresponden al tomo y la página de la edición facsimilar en la Biblioteca de Mayo.

consistió en la afirmación de su capacidad como director, aunque reconocía no ser "un matemático acabado" (*LPA*, 30 de enero de 1816, núm. 20; VII: 6026). Herrera no dejó de mover a sus amigos, pues a la otra semana se publicó la carta de "un académico" que defendía el nombramiento de aquél "por ser americano". En ella también se relata cómo la carta de impugnación condujo a que se efectuara una revisión del examen de Herrera en presencia de sus impugnadores, de la que habría salido bien parado (*LPA*, 6 de enero de 1816, núm. 21; VII: 6032).

La situación, por lo menos bastante curiosa, de la existencia de dos academias de matemáticas en Buenos Aires fue comentada por Senillosa en *Los Amigos de la Patria y de la Juventud* (núm. 5, abril de 1816, pp. 44-46). Recordemos que Senillosa era director de la academia del gobierno y ayudante en la del Consulado. Dedicó un primer artículo a la "Academia de Matemáticas del Estado" con una lista de los académicos que la componían, quienes se distinguían en cuatro categorías: agregados, de número funcionarios [sic], de número y meritorios. En el otro artículo, sobre la "Academia de Matemáticas del Consulado", Senillosa sugería que ambas instituciones "estuviesen en lo sucesivo con tal enlace que componiendo entre las dos un curso completo, sirviese la una de escala para entrar a la otra". Aunque Senillosa no lo aclara, podemos suponer que tenía en mente que la academia que se convirtiese en una institución de enseñanza elemental fuese la del Consulado, dirigida por Herrera.

A mitad de año, el 15 y el 17 de julio de 1816, Herrera presentó a sus alumnos a examen y, como lo informó la *Gaceta*, los temas fueron "acerca de las operaciones de los números enteros, quebrados comunes, cálculo de decimales, elevación de números a los quebrados [sic] y cubos, extracción de raíces de dichas potencias, razones, reglas de tres…" (*Gaceta*, 13 de julio de 1816, núm. 63, p. 258; vol. IV: 574; cf. *LPA*, 9 de julio de 1816, núm. 43; VII: 6166). Herrera renunció después de estos exámenes y, por un decreto del 17 de agosto de 1816, el Directorio impuso a José de Lanz como director de la academia del Consulado y como segundo director a Senillosa, quien continuaba dirigiendo la academia del Estado. Lanz redactó un reglamento que siguió activo hasta 1821, cuando la academia se incorporó a la universidad. En la introducción a este reglamento de Lanz, parece escucharse el eco de d'Alembert:

> Nada hay más útil, nada más digno del hombre que el estudio de las matemáticas: ellas dan solidez al juicio, extensión y profundidad al entendimiento, y la costumbre preciosísima de admitir únicamente lo demostrable, abandonando las hipótesis y los sistemas especiosos, fundados ya en tradiciones vagas, ya en suposiciones brillantes.

Lanz estableció un curso de dos años, pero aspiraba a un tercero, "para poder dar algunos principios de física y de química, sobre todo en un país adonde las artes están aún en la infancia y donde el reino mineral ofrece tantas riquezas" (Gutiérrez, 1998: 197-199).

El 9 de enero de 1817, varios alumnos de la academia del Consulado dieron examen (fueron los que siguieron el curso de cuatro meses de Lanz), cuyos contenidos eran "la aritmética, álgebra hasta las ecuaciones de segundo grado, geometría con sus aplicaciones de levantar planos, y algunos principios de geometría descriptiva". El artículo de *La Crónica Argentina* que informaba sobre esto asociaba "la aurora de la libertad" y la superación de "esos días aciagos en que por una orden expresa del gobierno español estaba prohibido el aprender" con "la utilidad del estudio de las matemáticas", que "han curado a los hombres de delirios tan antiguos como funestos" y su utilidad "en todos los ramos de los conocimientos útiles" (*La Crónica Argentina*, 25 de enero de 1817, núm. 38; VII: 6464 y 6465).* Pero Lanz re-

---

* La referencia completa de *La Crónica Argentina* [en adelante, *LCA*] puede consultarse en la bibliografía. Los números después del punto y coma corresponden al tomo y la página de la edición facsimilar en la Biblioteca de Mayo.

nunció dos semanas después de esos exámenes, el 23 de enero. El motivo parece haber sido que no se sentía cómodo con la inestable situación política del Río de la Plata, a lo que se sumaba la dificultad que tenía su esposa francesa para adaptarse a la vida en Buenos Aires. Cuando volvió a Europa, Lanz llevaba consigo la orden del Directorio para que Rivadavia renunciase y regresase, pero éste no la acató (Heredia, 1990: 12 y 13). En ese momento, se decidió reunir ambas academias y que la unificada quedara a cargo del Consulado. Lógicamente, Senillosa quedó como director y Avelino Díaz, un alumno aventajado que hasta entonces era archivero de la academia del Estado, como ayudante (Tjarks, 1962: 842 y 843).

La Academia Nacional de Matemáticas

El 25 de febrero de 1817 abrió sus cursos en el local del Consulado la Academia Nacional de Matemáticas, que perduró hasta su incorporación a la universidad en septiembre-octubre de 1821. Entre el otoño y la primavera de ese mismo año, Avelino Díaz, que había pasado como profesor al Colegio de la Unión del Sud, fue reemplazado por el subteniente Martiniano Chilavert (Tjarks, 1962: 844). Los cursos de dos años de la Academia Nacional de Matemáticas estaban orientados a formar ingenieros "de tierra" y los alumnos serían civiles y militares, pero ambos estarían uniformados. Tjarks señaló que hubo tres certámenes: los primeros, el 12 de enero de 1818, y los últimos, el 19 de enero de 1820 (Tjarks, 1962: 841 y 842). Sin embargo, el 30 de julio de 1817 se tomaron los exámenes del primer semestre de ese año, presididos por el secretario de Guerra y el Consulado (*Gaceta*, 16 de agosto de 1817, núm. 32, p. 134; vol. v: 188; *EC*, 7 de agosto de 1817, núm. 99; viii: 7146). Se puede afirmar, entonces, que la academia funcionó durante cuatro años y, teniendo en cuenta que el plan era de dos años, de ella se habrían graduado dos promociones (Nicolau, 2005: 25-27). En cuanto al plan de estudios, el 8 de enero de 1818 Senillosa firmó el reglamento, el cual fue aprobado por el director supremo Pueyrredón el 3 de marzo.

En un documento sobe los exámenes públicos de enero de 1818, Senillosa señalaba los temas y los autores: aritmética, geometría, álgebra y aplicación del álgebra a la aritmética por Sylvestre François Lacroix; principios de geometría descriptiva por Gaspard Monge; trigonometría plana y esférica según Adrien-Marie Legendre; aplicación del álgebra a la geometría según Étienne Bézout; principios de mecánica por Siméon Denis Poisson; cosmografía o elementos de astronomía según Gabriel Ciscar (Gutiérrez, 1998: 199-208). Vale la pena analizar con más detenimiento esta lista, para tener una idea definida de cuál era el nivel de la enseñanza en la Academia Nacional de Matemáticas. Lacroix era un matemático destacado en cálculo que había escrito una colección de siete volúmenes (en la edición de 1802) "pour les Lycées et les Écoles secondaires [para los liceos y las escuelas secundarias]", con el título común de *Cours de Mathématiques à l'usage de l'École centrale des Quatre-Nations* (Caramalho Domínguez, 2008: 283 y 284). Los textos de Lacroix, surgidos de la Revolución Francesa, gozaron de fama en todo el mundo y fueron traducidos a varios idiomas. Conviene destacar que José de Lanz había iniciado una traducción de la 13ª edición de los *Elementos de Aritmética* (el primer volumen de la obra de Lacroix), cuya suscripción se anunció en Buenos Aires (*LCA*, 30 de septiembre de 1816, núm. 19; VII: 6327). Monge, es sabido, fue el creador de la geometría descriptiva (*Géométrie descriptive*, 1799), un ferviente jacobino y una de las estrellas de primera magnitud en la primera época de la École Polytechnique. Los *Élements de géométrie* (1794) de Legendre fueron el texto más popular de la disciplina por casi una década. Bézout fue el autor del *Cours* que Cerviño había usado como texto en la Escuela de Náutica. Poisson fue el famoso físico y matemático autor del libro que proponía Senillosa: *Traité de Mécanique* (se trataba del primer volumen de 1811, pues el segundo apareció recién en 1819). En cuanto a la astronomía, se proponía la obra del marino ilustrado Ciscar, *Tratado de cosmografía* (1803), que era el tomo III de su *Curso de estudios elementales de marina*. En síntesis, tal como había ocurrido en la Academia de Náutica, el programa de estudios "era de primer orden" y contaba con las mejores obras disponibles desde el punto de vista didáctico y científico (Dassen, 1924: 21-24). Excepción hecha de Ciscar, que era español, se trata de la producción didáctica del iridiscente conjunto de científicos exactos franceses que actuaron en las últimas décadas del siglo XVIII y las primeras del XIX, muchos de ellos asociados a la École Polytechnique (Lacroix, Monge, Poisson) y otros a institutos de formación militar y naval. Todas estas obras, traducidas al castellano y conocidas en España, reflejan sin duda la formación hispano-francesa de Senillosa.

Tempranamente, en ocasión de los exámenes de enero de 1818, Senillosa desplegó una retórica que enlazaba la liberación de "los tiempos de barbarie" y de "oscuridad" con "la justa causa de la emancipación" y "las ideas liberales" adoptadas por "la heroica Buenos Aires". En esa oportunidad también proclamó lo que a esta altura era un lugar común en los discursos de certámenes de las academias de matemáticas del Consulado y que había sido expresado en el reglamento de Lanz: que el estudio de las matemáticas "rectifica la razón, enseña a juzgar y nos pone en estado de adelantar cualquier materia" (citado en Zinny, 1868: 350 y 351). En su exhortación durante los últimos exámenes de la academia, Senillosa retomó esta idea de la ciencia como guía para actuar en el mundo ("el cultivo de la razón nos da a conocer nuestros verdaderos intereses") y para adquirir el único conocimiento válido, pues las ciencias exactas son lo "más útil para inquirir la verdad, y más oportuno para orientar las inconexas ideas que nos procuran los sentidos" (*Gaceta*, 26 de enero de 1820, núm. 157, pp. 691-693; vol. VI: 17-19).

En los certámenes del 26 de enero de 1819 los alumnos rindieron temas de "geometría teórica, práctica y descriptiva, trigonometría, álgebra, estática, cosmografía, pilotage y cálculo diferencial" (*Gaceta*, 27 de enero de 1819, núm. 107, pp. 467 y 468; vol. v: 585 y 586). Tres alumnos tenían grado militar y cuatro eran civiles. Otros dos oficiales no pudieron rendir "por habérseles ordenado salir repentinamente para el exército". No hay testimonio más expresivo del carácter militar de la enseñanza técnica de la matemática en Buenos Aires durante esa época que este comentario incidental. En su alocución, Senillosa desplegó su pirotecnia iluminista al hablar de la juventud que "cultiva la razón y desenvuelve con prodigio una viveza y luces que dan mucho que esperar". Entre las cosas que son necesarias en un "gobierno liberal", continuaba, aparecen primero la medicina y las matemáticas. El arte de curar y el de calcular eran los conocimientos técnicos que se requerían para el funcionamiento de los ejércitos. Todo lo otro (la navegación, las ciencias sagradas, la política, las ciencias naturales) era secundario. Senillosa culmina con una exhortación a los jóvenes, que devela al verdadero sentido de la academia: "Id, corred, volad a los campos de Marte. Minerva convertida en Palas conduzca vuestros pasos".

Cabe mencionar que, simultáneamente con la Academia Nacional de Matemáticas en Buenos Aires, funcionaba en Mendoza un curso completo (hasta las aplicaciones topográficas) dictado por el padre Espinosa, de la Congregación de la Buena Muerte (Dassen, 1924: 27).

CONCLUSIONES

Como vemos, la formación matemática fue propia de la enseñanza profesional, vinculada a la navegación primero y después de la Revolución de Mayo, a la ingeniería militar y a la formación de artilleros y oficiales en general (aunque de esto ya hubo algunos antecedentes virreinales). Las sucesivas academias respondieron a la necesidad de formar cuadros castrenses con un mínimo de educación técnica. Por si hiciera falta, la creación de sucesivas academias de campaña en el Ejército del Norte por obra de Pueyrredón, de San Martín y de Belgrano pone aún más de relieve este fenómeno. La transición de una enseñanza de las matemáticas a los fines del comercio hacia una al servicio de la guerra es una de las manifestaciones más claras de los usos sociales de la ciencia en el período posrevolucionario. Este proceso estuvo alimentado en parte por jóvenes oficiales españoles y franceses que llegaban al Río de la Plata como producto del desbande que siguió a la caída de Napoleón, como Lanz, Dauxion Lavaysse, Lozier y Senillosa. Este último se arraigó y tuvo durante su fecunda vida una destacada actuación en el Río de la Plata.

Un rasgo de esta historia de dos décadas de enseñanza matemática profesional es lo que podemos denominar con el oxímoron: "continuidad-fragmentada". En efecto, hubo una serie de iniciativas sucesivas (y en un momento simultáneas), sólo interrumpidas por las invasiones inglesas –las que, por otro lado, tuvieron un efecto de ruptura en todos los aspectos de la frágil cultura científica en Buenos Aires–. Dicha continuidad, que vino dada por el hecho de que fue el Consulado la institución que en gran medida patrocinó la enseñanza profesional de las ciencias exactas en Buenos Aires, no debe ocultar lo que ya se mencionó: el evidente cambio de carácter entre la Escuela de Náutica (institución civil) y las academias de matemáticas que siguieron a Mayo (instituciones militares o cívico-militares). Lo que casi no varió, sino que se moduló de acuerdo con las circunstancias, fue el discurso de los fundadores, directores y protectores de dichas instituciones, que consistió en una glorificación de las matemáticas y de las ciencias exactas, en un tono iluminista, con acentos ya en la utilidad de éstas para el comercio y las artes, ya en su necesidad para la guerra.

Otro mundo era el de la universidad; pero antes de explorarlo, veamos un conjunto de iniciativas que tuvieron lugar en 1812. Algunas de ellas fueron la base de instituciones perdurables, mientras que otras salieron de esa máquina de sueños que habita oscuramente en todo proceso de brusco cambio político.

II. LAS PALABRAS Y LAS COSAS: LIBROS Y COLECCIONES DE HISTORIA NATURAL

"EL AÑO 1810 es el de la grandeza de la Revolución de Mayo. El año de 1811 es de distinta naturaleza. No es el de la decadencia de la Revolución de Mayo, pero sí el comienzo de su crisis" (Levene, 1961, vol. 2: 323). El movimiento del 5 y 6 de abril de 1811, que reforzó temporariamente la posición de los "saavedristas", la disolución de la Junta Conservadora por parte de Rivadavia (ministro del Primer Triunvirato) en lo que prácticamente fue un *coup* civil, y la revolución del 8 de octubre de 1812 movida por la Logia Lautaro y la Sociedad Patriótica, que liquidó al Primer Triunvirato, son puntos sobre los cuales es posible trazar un arco que dibuja la violenta lucha de facciones que siguió a Mayo. En "el año XII" tuvieron lugar varios sucesos que señalan cierta voluntad de creación institucional, aunque los proyectos quedaran truncos: se inauguró la Biblioteca Pública, que fue una muy temprana creación de Mariano Moreno; también vieron la luz los anuncios de ciertos planes de Rivadavia en los que se advierte un impulso visionario no demasiado preocupado por las fronteras de lo real y un vuelo intelectual auténtico herido de un centralismo que albergaba los gérmenes de su caída. Este movimiento se desplegaría en su presidencia. A nosotros nos compete revisar sólo lo que fue el esbozo embrionario de ulteriores desarrollos.

LA BIBLIOTECA PÚBLICA

La historia de los orígenes de la Biblioteca Pública de Buenos Aires ha sido contada muchas veces (véanse, por ejemplo, Zin-

49

ny, 1875: 297-300; Trelles, 1879; Groussac, 1901; Palcos, 1936: 208-212; Levene, 1961, vol. 2: 258-264; Torre Revello, 1965: 81-90). Aquí sólo la recapitularemos brevemente a los fines de poder discutir la circulación de libros científicos en el Buenos Aires de esa época. Un antecedente de una biblioteca pública en Buenos Aires fue el testamento del obispo de esta ciudad, Manuel de Azamor y Ramírez, quien al morir en 1796 dejó sus libros a la Iglesia para que se instalase una biblioteca abierta a la población. El oficio de la junta de creación de la Biblioteca Pública fue muy temprano, del 7 de septiembre de 1810. Pero ya el 22 de agosto, Moreno había escrito una carta a efectos de que se enviaran a Buenos Aires los libros del obispo Orellana y los de los demás conjurados en la conspiración de Santiago de Liniers ejecutados en Cabeza de Tigre (Levene, 1961, vol. 2: 258).

El 7 de septiembre la Junta envió una nota al obispo de Buenos Aires, para que entregase los libros del difunto Azamor y Ramírez, y otra al canónigo Chorroarín, para que transfiriera los libros que eran del Real Colegio de San Carlos –cosa que hizo, agregando los propios–. Se nombró como bibliotecarios al canónigo Saturnino Segurola (quien renunció el 31 de diciembre de 1810, debido a que, como veremos, tenía que ocuparse de propagar la vacuna antivariólica) y a Fray Cayetano Rodríguez (Trelles, 1879: 459-462; García de Loydi, 1975: 32). Mariano Moreno fue el protector de la Biblioteca.

El artículo de la *Gaceta* que anunciaba la creación de la Biblioteca ponía de relieve el abandono de los estudios debido al estado de continua guerra, pues, según decía, "asustadas las Musas con el horror de los combates huyen a regiones más tranquilas, e insensibles los hombres a todo lo que no sea desolación y estrépito descuidan aquellos establecimientos que en tiempos más felices se fundaron para el cultivo de las ciencias y las artes". Hay que recordar que el Real Colegio de San Carlos, fundado por el virrey Vértiz en 1783, estaba cerrado desde la época de las invasiones inglesas y era utilizado como cuartel de tropas. Así, llamando la atención sobre lo que se percibía como

una situación de creación *de novo*, la *Gaceta* continuaba: "La
Junta se ve reducida a la triste necesidad de criarlo [sic] todo".
La comparación desfavorable de la Biblioteca de Alejandría,
"monumento de vanidad" de Ptolomeo Filadelfo que terminó
en las llamas, con las dignísimas 37 bibliotecas de Roma, pulsa-
ba una cuerda de *severitas* republicana (*Gaceta*, 13 de septiembre de 1810, núm. 15, vol. I: 384-386).

El 2 de septiembre de 1810, la junta escribió al Administra-
dor de Temporalidades de Córdoba (el organismo encargado de
la custodia y la administración de los bienes confiscados a los
jesuitas) para que se remitieran a Buenos Aires los libros de la
Compañía de Jesús, cosa que se hizo en cuatro remesas entre
noviembre de 1810 y marzo de 1812 (Levene, 1961, vol. 2: 263).
Este gesto en el que la Biblioteca Pública de Buenos Aires se
apoderó de los libros de Córdoba no sólo revela el casi displi-
cente centralismo porteño, sino que testimonia la atmósfera de
los tiempos. Por cierto, las bibliotecas cordobesas de los jesuitas –y en particular la del Colegio Máximo– habían sido el re-
positorio bibliográfico más importante del virreinato (véase el
catálogo de 1757, diez años antes de la expulsión, en Fraschini,
2005).[1] A partir de entonces, comenzaron a llegar las donaciones a la Biblioteca Pública de Buenos Aires, en metálico, en
libros y en especie, conforme a la suscripción patriótica lanza-
da por Moreno. El 31 de diciembre de 1810 (es decir, luego de
cuatro meses), se habían reunido 8.058 pesos y 123 volúmenes,
maderas para los estantes y otros materiales. Este ritmo luego
disminuyó, debido probablemente al alejamiento de Moreno,
a la disminución del entusiasmo inicial y a la creciente incer-
tidumbre del panorama político-militar. En 1811 se reunieron
811 pesos y 111 volúmenes, y entre enero de 1812 y diciembre de 1814 se juntaron 1.285 pesos, de los cuales 1.000 pesos
fueron donados por el obispo Lué (Zinny, 1875: 298-300). La

---

[1] Estos libros fueron devueltos por la Biblioteca Nacional a la Biblioteca de
la Universidad Nacional de Córdoba hace unos años.

Gaceta del 1° de octubre de 1810 (núm. extraordinario; vol. ɪ: 508) publicó una carta con 66 firmas de comerciantes ingleses a favor de la biblioteca, de cuya fuente, se decía, saldrían "fertilizantes arroyos de ciencia y civilización" (los donativos variaban entre 1 y 3 onzas, excepto uno que fue de 10 onzas) (véase Trelles, 1879: 475-479). Hay que aclarar que las cifras de libros donados mencionadas por Zinny son muy bajas, ya que fueron tomadas de los números de la *Gaceta* en los cuales se informaba sobre cada donación, con especificación del nombre del donante y los títulos de las obras. Groussac (1901: 14) estimó que hacia fines de 1810 la biblioteca habría contado con alrededor de 4.000 obras.

Pero a pesar de disponer de un local cedido por la Junta de Temporalidades de Buenos Aires, al que en octubre de 1810 se agregó una pieza de altos, la biblioteca no se abrió al público sino hasta 1812. La inauguración, que tuvo lugar el 16 de marzo, fue anunciada escuetamente en el mismo número de la *Gaceta* que comunicaba la llegada de San Martín en la fragata *Canning* (núm. 28; vol. ɪɪɪ: 146). En el acto, del que también dio cuenta *El Censor*, el sacerdote José Joaquín Ruiz, que había enseñado filosofía en el Real Colegio de San Carlos, pronunció unas palabras. Segurola, que renunció por estar ocupado en la "propagación y conservación del fluido vacuno y otras muchas atenciones públicas", fue sucedido por el sacerdote Luis José Chorroarín (Trelles, 1879: 490 y 491). A su vez, Fray Cayetano Rodríguez fue sucedido en 1814 por Dámaso Larrañaga, sobre lo cual tendremos más que decir. Debe destacarse un hecho que con frecuencia pasa desapercibido y es que, durante los primeros años de su gestación, la Biblioteca Pública de Buenos Aires estuvo a cargo de clérigos, lo cual es un índice de su participación en la cultura de Mayo.

Las listas de los libros donados que aparecieron en la *Gaceta* fueron publicadas por Trelles en el primer número de su *Revista de la Biblioteca Pública* (1879) y de nuevo, con ligeras variantes, en una serie de artículos en la *Revista de la Biblioteca*

Nacional ([Biblioteca Nacional], 1944-1946). Hemos extractado de estas listas los libros de ciencia y efectuamos su listado con un criterio bibliográfico moderno para poder sacar conclusiones respecto de qué se leía exactamente (la lista original tiene muchos errores en los nombres de autores y títulos) –véase el Apéndice 1–. Antes de entrar en este análisis, debe destacarse que, dejando de lado las remesas del Colegio Máximo de Córdoba, las incorporaciones más importantes en cuanto a libros de ciencia fueron las bibliotecas del Real Colegio de San Carlos y la de Luis Chorroarín, profesor de filosofía de éste desde su fundación y luego rector del establecimiento. Varias personas pusieron sus bibliotecas personales a disposición de la Biblioteca Pública, para que los bibliotecarios se quedasen con lo que hiciese falta. Son los casos de Belgrano, Chorroarín, Julián Segundo de Agüero (*Gaceta*, 17 de enero de 1811, núm. 32, vol. II: 43) y de Martina de Lavardén y Arce (*Gaceta*, 7 de febrero, núm. 35, vol. II: 100). Es probable que los informes aparecidos en la *Gaceta* sobre las donaciones hayan promovido ulteriores entregas de libros, debido al prestigio social con que era investido el nombre del donante. Una donación muy importante fue la del protomédico Miguel O'Gorman, quien donó las obras "más raras y selectas de los mejores autores de medicina de la antigüedad, desde Hipócrates inclusive", para instrucción de los alumnos del Protomedicato (*Gaceta*, 6 de noviembre de 1810, núm. extraordinario; vol. I: 581; véase, Hernández, 1981).[2]

LOS LIBROS CIENTÍFICOS DONADOS A LA BIBLIOTECA PÚBLICA

Antes de pasar a analizar los libros de ciencia donados a la Biblioteca (por lo menos, aquellos que fueron publicados en la *Gaceta*, que son los que conocemos), conviene tener una somera idea de los libros científicos que circulaban en el Virreinato en

---

[2] No nos ocuparemos de las obras médicas en el presente estudio.

las bibliotecas privadas. Dejamos de lado el análisis de aquellos del Colegio Máximo de los jesuitas de Córdoba, cuyo índice ocupa dos gruesos volúmenes en su edición moderna (Fraschini, 2005), y también los libros de medicina.[3] Nuestro comentario se restringirá a los libros de ciencias exactas y naturales, con extensión a aquellos vinculados a la agricultura. Debe tenerse en cuenta (lo que no siempre se hace) que la posesión de un libro no implica su lectura y que, por consiguiente, atribuir a los poseedores de tal o cual libro de ciencia una familiaridad con ella es una falacia (por otra parte, hay muchos motivos por los que alguien puede tener un libro en su biblioteca; el interés por leerlo no es el único). En el caso particular que analizamos, también hay que advertir que se trata de donaciones, es decir, de libros de los cuales la gente se desprendía, por lo que es posible suponer que en algunos casos los individuos donaban lo que menos les importaba conservar. Por cierto, éste no fue el caso de Belgrano, Chorroarín, Martina de Lavardén y Agüero, que ofrecieron sus libros para que la Biblioteca Pública se quedase con lo que necesitara. El resultado de esta actitud generosa es que las listas de libros donados por estas personas son las más interesantes (pues fueron seleccionadas *ad hoc*). Finalmente, la lista de libros donados por Chorroarín, que aparece en último término en el Apéndice 1, consiste en volúmenes que pertenecieron a la biblioteca de Aimé Bonpland y que fueron comprados por suscripción pública (Groussac, 1901: 19). Ésta es, sin duda, la sección científica más importante de todas. Se trata de una notable colección de libros de ciencia, completa y actualizada para fines de la segunda década del siglo XIX.

Lo que el análisis de los libros donados a la Biblioteca Pública provee son datos acerca de qué tipo de libro se leía, inferidos a partir de la frecuencia de ciertos autores o temas, pero en todo caso la información tiene que ser completada con otros trabajos. La *Historia natural* de Buffon aparece una vez en la

---

[3] Para los libros médicos en bibliotecas privadas en el Virreinato, véase Parada, 1997, 1998.

lista de donaciones, en la traducción al castellano de Clavijo y Fajardo, pero en una revisión de bibliotecas coloniales la vemos varias veces. Estaba en francés en la biblioteca del coronel Ignacio Flores (fallecido en 1789), en castellano en la del coronel de Dragones José Moscoso y Pérez (fallecido en 1789) y en posesión de Manuel Hernández Borruso en un inventario de 1800 como "6 tomos de Buffon" (Torre Revello, 1965).[4] Manuel Ignacio Fernández, intendente del Ejército y Real Hacienda de Buenos Aires (fallecido en 1790), también tenía la *Historia natural* de Buffon; la obra se encontraba asimismo en la biblioteca de Santiago de Liniers, cuyos libros, como vimos, fueron enviados a Buenos Aires después de su ejecución en Córdoba (Furlong, 1944: 76 y 79).[5] La biblioteca de Francisco de Ortega (fallecido en 1790) tenía once tomos de la *Historia natural* de Buffon y Pedro de Altolaguirre (fallecido en 1799), hermano de Martín José de Altolaguirre (a quien veremos más adelante) y tesorero de la Real Casa de Moneda en Potosí, poseía diez tomos de ella, además de los dos tomos de la *Historia natural del hombre* (traducción al castellano de 1773) (Torre Revello, 1956a). Hipólito Vieytes tenía en su biblioteca los tomos I, II, V y VI de la versión en castellano de la *Historia natural* (Torre Revello, 1956b). Todo esto no sorprende porque Buffon era popular en España, sobre todo en la traducción castellana (Caillet-Bois, 1961: 16). Volveremos a hablar de Buffon en la secciones dedicadas a Larrañaga y Azara, pero ya puede verse que la *Histoire naturelle* era

---

[4] En la biblioteca de Flores también se menciona una *Histoire naturelle des oiseaux*, que probablemente haya consistido en algunos de los 14 volúmenes de ese nombre correspondiente a la *Histoire naturelle* de Buffon publicados entre 1770 y 1780. Flores poseía además la *Chimie expérimental et raisonée* (París, 1773) de Antoine Baumé, las *Leçons élémentaires des mathématiques* de Nicolas de Lacaille (París, 1741) y *Les élémens d'Euclide du R. P. Dechales, de la Compagnie de Jesus; et de M. Ozanam, de l'Académie des sciences* (París, 1735 y ediciones posteriores) (Torre Revello, 1965: 41).

[5] M. I. Fernández también poseía los seis volúmenes de *Elementos de física teórica y experimental* de Joseph Sigaud de la Fond traducidos por Tadeo Lope (1787-1789) (Furlong, 1944: 76).

también en el Río de la Plata un libro muy apreciado. Buffon es un "autor testigo" de cierto tipo de cultura científica, ilustrada, literaria y típica de los salones o las tertulias.

Otro "autor testigo" es Newton. Juan Gutiérrez de la Concha, el marino que participó en la conjuración de Liniers, poseía la *Óptica* de Newton, junto a un buen número de obras de astronomía y matemáticas no identificables (Furlong, 1944: 79). En una subasta efectuada en Buenos Aires en 1771 (por los títulos, la biblioteca habría correspondido a un marino, al igual que en el caso de Gutiérrez de la Concha) se subastó "un tomo de Newton" junto con otras obras matemáticas y astronómicas: las *Observaciones astronómicas y físicas hechas en los Reinos del Perú* (Madrid, 1748) de Jorge Juan, los nueve volúmenes del *Compendio mathematico* de Tomás Vicente Tosca (1707-1715), las *Tabulae astronomicae* (1702) de Philippe de la Hire y lo que probablemente haya sido el *Cours de mathématique* (París, 1747) de Christian Wolff (Furlong, 1944: 60). La mencionada biblioteca de Francisco de Ortega tenía dos tomos "de la filosofía de Newton" (Caillet-Bois, 1961: 17). No hay libros de Newton entre las donaciones a la Biblioteca Pública, aunque existe cierta cantidad de autores newtonianos experimentalistas. A comienzos del siglo XVIII, un grupo de físicos de la Universidad de Leyden, como Willem Jacob 's Gravesande y Pieter van Musschenbroek, desarrollaron el aspecto experimental de la filosofía de la naturaleza de Newton (Hankins, 1985: 46-49). A la Biblioteca Pública fueron donadas *Philosophiae Newtonianae institutiones* (Venecia, 1749) de Willem Jacob 's Gravesande y el *Cours de physique expérimentale et mathématique... traduit par Sigaud de la Fond*, de tres volúmenes (París, 1769) y *Elementa physica, conscripto in usus academicus*, de dos volúmenes (Nápoles, 1749), de Pieter van Musschenbroek. Estudios previos han señalado la ausencia de libros de Newton en el Virreinato y el hecho de que las doctrinas newtonianas ingresaron en gran medida a través de las obras de física experimental de Jean-Antoine Nollet y de Joseph Sigaud de la Fond (Lértora Mendoza, 2000). Si distinguimos entre "el Newton de los *Principia*" y "el Newton de la *Óptica*" (Asúa, 2007: 80 y 81), observamos que lo que fue recibido, tanto en la enseñanza como entre los *amateurs* de la ciencia, fue el segundo (veremos luego la excepción del astrónomo jesuita Buenaventura Suárez).

La física experimental figuraba entre los temas más frecuentes en los libros donados a la Biblioteca Pública, en especial los de física eléctrica, que durante el siglo XVIII, y en particular en Francia, era tanto una actividad social de los *salons* como una línea de investigación de los fenómenos naturales. Los representantes más característicos de esta literatura eran los ya mencionados abate Nollet y Sigaud de la Fond, discípulo del primero y continuador suyo en la cátedra de física experimental en el Collège Louis le Grand (1760). Entre los libros recibidos sobre este tema en la Biblioteca Pública, se encontraban: de Nollet, las *Lecciones de physica experimental*, en seis volúmenes (Madrid, 1757), y *L'art des expériences, ou avis aux amateurs de la physique*, en tres volúmenes (París, 1770); de Sigaud de la Fond había dos ejemplares del *Resumen histórico experimental de los fenómenos eléctricos, desde el origen de este descubrimiento hasta el día*, traducido por Tadeo Lope (Madrid, 1792) y los seis volúmenes de los *Elementos de física teórica y experimental* (Madrid, 1787-1789). Había otros libros de "electricistas", como el del anglo-italiano Tiberius Cavallo, *The Elements of Natural and Experimental Philosophy*, en cuatro volúmenes (Londres, 1803) o el del español Benito Navarro, *Physica electrica o compendio en que se explican los maravillosos... de la virtud electrica* (Madrid, 1752). También se donaron obras de física experimental general: el *Tratado elemental o Principios de Física* de Mathurin J. Brisson, en cuatro volúmenes (Madrid, 1803-1804), y del mismo autor el *Diccionario universal de Física*, en la versión en castellano de nueve volúmenes (Madrid, 1796-1802), además de las *Lezioni di fisica...traduzione dal francese* de Privat de Molières, en tres volúmenes (Venecia, 1743) y la *Física moderna, experimental, sistemática* de Antonio María

Herrero y Rubira (Madrid, 1738). En comparación con los de electricidad, los tratados de óptica son escasos: Marc Thomin, *Traité d'optique mechanique* (París, 1749) y Francisco Antonio Cabral, *Descripção e uso dos instrumentos de reflexão...*, en dos volúmenes (Lisboa, 1799). En el *Semanario de Agricultura* del 31 de octubre de 1804 se publicitó la venta de varios ejemplares del *Diccionario de Física* de Brisson traducido al castellano en nueve volúmenes (*SA*, t. III, núm. 111, f. 72). En cuanto a la química, sobresalen los dos ejemplares de la famosa obra de Antoine Lavoisier *Traité élémentaire de Chimie*, en dos volúmenes (París, 1789 y otras ediciones), uno de ellos perteneciente a Belgrano y el otro al padre Bartolomé D. Muñoz. Los otros tres libros de química son también franceses, lo que es esperable dada la enorme influencia de Lavoisier y de los químicos franceses que lo precedieron y siguieron: *Leçons élémentaires de chimie à l'usage des Lycées* de Pierre-Auguste Adet (París, 1804), los *Elementos de química* de Jean Chaptal, traducido por Hyginio A. Lorente, en tres volúmenes (Madrid, 1793), y la *Chymie expérimentale et raisonnée* de Antoine Baumé, en tres volúmenes (París, 1773).

Respecto de la historia natural, ya hemos señalado que el autor más significativo fue Buffon. Entre los libros de Chorroarín y del Real Colegio de San Carlos que pasaron a la biblioteca, figuran 13 volúmenes de la *Historia natural general y particular* en la traducción de Clavijo y Fajardo (Madrid, 1791-1805). El día de la inauguración de la Biblioteca Pública, el 16 de marzo de 1812, Chorroarín le pidió 2.500 pesos al Triunvirato para que Manuel Aguirre comprara libros en Londres. En la lista figuraban todas las obras de Buffon, además de las de René-Antoine de Réaumur, Stephen Hales, Jean Baptiste Biot y Joseph-Louis de Lagrange (Palcos, 1936: 210 y 211).

Resulta interesante que se hayan donado a la Biblioteca Pública tres ejemplares de la *Naturalis historia* de Plinio (una enciclopedia latina del siglo I), aunque este título debería contarse más entre los clásicos que entre las obras de ciencia. Había algunos importantes volúmenes característicos de la historia natural de la Edad Moderna temprana, como el *De aquatilibus* (1553) de Pierre Belon y *De historia piscium* (1656) de Francis Willughby, una obra sobre entomología (J. C. Fabricius, *Species insectorum*, 2 vols., Hamburgo, 1783), otra sobre anatomía de los peces (A. Gouan, *Historia piscium sistens ipsorum anatomen*, 1770) y el actualizado *Traité élémentaire d'histoire naturelle* (París, 1804) de André Marie Constant Duméril.

También se hallaban todos los títulos de lo que hemos llamado "las historias naturales de los jesuitas" en América (Asúa, 2008a). La famosa *Historia natural y moral de las Indias*, en dos volúmenes (Madrid, 1792), de José de Acosta; la *Descripción chorographica del gran Chaco Gualamba* de Pedro Lozano (Córdoba [Argentina], 1733), *A Description of Patagonia* de Thomas Falkner (Hereford, 1774) y el *Compendio de la historia geográfica, natural y civil del reyno de Chile*, en dos volúmenes (Madrid, 1788-1795), del chileno Juan Ignacio Molina. Entre las obras de "ciencia jesuita" se encontraba el *Mundus subterraneus* de Athanasius Kircher (la primera edición fue en 1664). Una enciclopedia muy usada por los jesuitas (aunque no escrita por un miembro de la Compañía) y muy popular entre el público general era el *Espectáculo de la naturaleza*, en 16 volúmenes, del abate Pluche (Madrid, 1771-1773). A la Biblioteca Pública se donaron dos colecciones completas del *Espectáculo* y también de Pluche la *Historia del cielo, o nuevo aspecto de la Mitología*, en dos volúmenes (Madrid, 1773).

Entre los libros de geología se donaron: de Johann Gottschalk Wallerius, *Systema mineralogicum*, en dos volúmenes (Estocolmo, 1772-1775, pero hay ediciones posteriores); de Balthazar Georges Sage, *Élémens de mineralogie*, en dos volúmenes (París, 1777), y dos ejemplares de Johann Friedrich Widenmann, *La orictognosia, escrita en alemán* [...] *traducida por Christiano Herrgen* (Madrid, 1797-1798), uno de ellos pertenecía a Fray Cayetano Rodríguez y el otro al padre Bartolomé D. Muñoz. También dos obras de Dezallier d'Argenville: *L'histoire naturelle éclaircie dans une de ses parties principales, l'oryctologie*

(París, 1755) y *L'Histoire naturelle éclaircie dans deux de ses partes principales, la lithologie et la conchyliologie* (París, 1742). La orictología era el estudio de las "petrificaciones", es decir, los fósiles. El interés de los clérigos por los estudios sobre la historia de la Tierra, verificable a comienzos del siglo XIX en varios países de Europa, se debía a la vigencia de la "geología bíblica", que concebía la historia de nuestro planeta en términos de la narración del Génesis.

Entre los libros de botánica se donaron: la importante *Flora Peruviana et Chilensis*, en tres volúmenes, de Hipólito Ruiz y José Pavón (Madrid, 1798-1802), el *Systema vegetabilium florae peruvianae et chilensis* (Madrid, 1798) de los mismos autores con José Jiménez-Villanueva, el *Curso elemental de botánica, teórico práctico* [...], dos partes en un volumen, de Casimiro Gómez Ortega y Antonio Palau y Verdera (Madrid, 1785) (muy usado para la enseñanza en España) y la *Histoire des Plantes d'Europe, ou Élémens de Botanique Pratique*, en dos volúmenes, de J.-E. Gilibert (París, 1798).[6] Por motivos que discutiremos más adelante, es de destacar la notable selección sobre agricultura que poseía Manuel Belgrano, y también que Vieytes poseyera la casi totalidad de los 16 volúmenes del *Curso completo o diccionario universal de agricultura* de François Rozier. Aquí no aspiramos tampoco a analizar los libros de la biblioteca de Bonpland, pues su lista es elocuente por sí misma.

Linneo, sobre cuya recepción en el Río de la Plata hablaremos en un capítulo próximo, era, como Buffon y los "electricistas", un autor muy difundido. Las donaciones de *Linneana* consistieron en: *Philosophia botanica, annotationibus, explanationibus, supplementis aucta cura et opera Casimiri Gomez Ortega...* (Madrid 1792); *Systema vegetabilium* [no se indica edición, podría ser la 13ª, de 1784, que era la que usaba Larrañaga]; el *Systema plantarum secundum clases, ordines, genera, species...*,

---

[6] Respecto de los libros y tratados de agricultura, véase la lista –que es probablemente la más larga de todas– en el Apéndice 1.

en cuatro volúmenes (Fráncfort, 1779-1780; en realidad es la cuarta edición de *Species plantarum*) y su traducción al castellano por Antonio Palau y Verdera como *Parte práctica de botánica que comprende las clases, órdenes, géneros, especies y variedades de las plantas*, de nueve volúmenes (Madrid, 1784-1788).

Los libros de matemáticas donados eran en general obras prácticas de matemáticas aplicadas, como *L'Arithmétique et la géométrie de l'officiel* de Le Blond, en dos volúmenes (París, 1767), la *Antorcha aritmética práctica, provechosa para tratantes y mercaderes* de Juan Antonio Taboada y Ulloa (Madrid, 1731, 1784) y las *Instituciones aritméticas* de Paulinus a Sancto Josepho, traducido por el padre Fernando Scio (Madrid, 1772). Había tratados importantes, como el que se usó como referencia en la Escuela de Náutica y en época de Lanz en la Academia de Matemáticas: el de Benito Bails, *Elementos de matemática*, de diez tomos en once volúmenes (Madrid, 1779-1804) (Belgrano donó los tomos 7, 8 y 9). La astronomía estaba poco representada con las *Institutions astronomiques* de Pierre Charles Le Monnier (París, 1746), pero ya vimos que los marinos en general atesoraban varios libros de astronomía y navegación en sus bibliotecas privadas. En el *Semanario de Agricultura, Industria y Comercio* del 30 de mayo de 1804, se publicó un anuncio que ofrecía en venta los libros de "aritmética, geometría, cosmografía y navegación" que se usaban en la Academia de Guardias Marinas del Ferrol, de lo cual se infiere que había público dispuesto a adquirirlos (*SA*, t. II, núm. 89, f. 311).

Se donaron varios libros con relaciones de expediciones científicas, como la *Relación histórica del viaje a la América Meridional*, en cinco volúmenes, de Antonio de Ulloa (Madrid, 1748); la *Relation du Voyage de la Mer du Sud aux côtes du Chile et du Pérou, fait pendant les années 1712, 1713, 1714* de Amédée François Frézier (París, primera edición de 1716); el *Voyage autour du monde* de Louis Antoine de Bougainville (París, 1771) y el *Voyage à la Nouvelle Guinée* de Pierre Sonnerat (París, 1796).

LOS LIBROS DE CIENCIA EN LA BIBLIOTECA DE RIVADAVIA

Piccirilli ha reproducido los títulos de la bilioteca de Rivadavia
en 1848, es decir, a partir de un inventario póstumo, pero, debido a que el manuscrito ha sido redactado con apresuramiento,
es difícil saber de qué libro se trata en cada caso (Piccirilli, 1960,
vol. III: 412-427). Predominan los libros de matemáticas, entre
los cuales hay nueve de Lacroix, ya mencionado en el capítulo
anterior. También una obra de Gaspard Monge sin especificar;
la *Histoire des mahématiques* de Jean-Étienne Montucla, en dos
volúmenes (París, 1758); el *Traité d'arithmétique à l'usage de la
marine et de l'artillerie* de Bézout, y otras obras no identificables
de enseñanza de matemáticas en academias navales y liceos.
En cuanto a las obras de física, es importante señalar la presencia de la traducción en francés de los *Principia* de Newton.
También está el *Traité de physique expérimentale et mathématique*, en cuatro volúmenes (París, 1816) de Biot; unas "Lecciones de física experimental"; el *Tratado elemental o Principios de
Física* de Brisson, en cuatro volúmenes (Madrid, 1803-1804), y
dos tratados de mecánica: el *Traité élémentaire des machines* de
Jean Nicolas Hachette (París, 1811) y un conocido nuestro, el ya
mencionado *Essai sur la composition de machines* (París, 1808)
del que fuera profesor de la Academia de Matemáticas, el mexicano José María de Lanz. Están las obras de Benjamín Franklin
en francés, el *Abrégé d'astronomie* de Jean-Baptiste Joseph Delambre, un manual de pesas y medidas y el *Traité élémentaire de
chimie*, de cuatro volúmenes (París, 1813-16), de Louis Jacques
Thénard. Con respecto a las ciencias naturales, está la infalible
Naturalis historia de Plinio; el *Traité d'anatomie et de physiologie
vegetales* de Charles-François Brisseau de Mirbel, en dos volúmenes (1802); la ubicua *Histoire naturelle* de Buffon; las *Leçons
de Géologie* de J. C. Delamétherie, en tres volúmenes (París,
1816), y dos importantes obras de Georges Cuvier: las *Leçons
d'anatomie comparée*, en cinco volúmenes (París, 1800-1805), y
Le Règne animal distribué d'après son organisation, pour servir de

base à l'histoire naturelle des animaux, en cuatro volúmenes (París, 1817). Finalmente, había dos obras de Alexander von Humboldt, el *Voyage aux régions équinoxiales du Nouveau Continent* y el *Essai politique sur le royaume de la Nouvelle-Espagne*, tomos que, por su tenor de ciencia romántica, otorgan un contraste interesante a esta colección de libros de ciencia más bien propia del iluminismo tardío. Ciertamente, la biblioteca de Rivadavia era rica en libros científicos, algunos de ellos muy técnicos. Predominaban las ciencias exactas, en particular las matemáticas. Cuvier, por una mera cuestión cronológica, no aparece entre los libros donados a la Biblioteca Pública, y hay muchos otros textos que fueron publicados en la primera o la segunda década del siglo XIX. Uno se pregunta, como en todos los casos, cuántos de estos libros habrán sido estudiados por su poseedor. No se puede descartar que estuviesen en la biblioteca como obras de referencia o como símbolos materiales del papel central que el imaginario ilustrado le atribuía a la ciencia. Pero también puede ser que hayan sido leídos. En cualquier caso, es interesante comprobar que en ésta, como en otras bibliotecas de políticos letrados, había textos y tratados científicos propiamente dichos, más allá de aquellos libros del siglo XVIII que hacían de la ciencia un tema literario o filosófico.

EL MUSEO DE 1812 Y LOS *CABINETS DE CURIOSITÉS* PRIVADOS

El Museo Público de Buenos Aires fue un proyecto cultural de Rivadavia. El primer documento oficial sobre éste fue una circular del 27 de junio de 1812 del Primer Triunvirato a los gobernadores y comandantes militares del interior, en la que se anunciaba que "se va a dar principio al establecimiento en esta Capital de un Museo de Historia Natural" y, por lo tanto, se encargaba "el acopio de todas las producciones extrañas y privativas de este territorio dignas de colocarse en aquel depósito". El fundamento de la medida apunta a un doble objetivo.

Por un lado y en primer lugar, hay un motivo ideal y declamativo, el gesto de reconocimiento hacia la ciencia universal, que es que "la observación de la naturaleza en nuestro continente, en el reino mineral, vegetal y animal y en todos los artefactos, es sin duda hoy una de las más dignas ocupaciones de los sabios de todo el mundo". En segundo lugar, figura el motivo real, prágmático, ya que "la idea de los útiles descubrimientos en que devendrá semejante investigación" es la que mueve al gobierno a proyectar el museo (citado en Palcos, 1936: 280 y 281). Las nociones de "acopio" y "depósito" son congruentes con la idea de un museo en las dos primeras décadas del siglo xix, todavía no demasiado diferenciada de los *cabinets de curiosités* privados, con rarezas naturales y artefactos exóticos, que se pusieron en boga en la temprana Edad Moderna con el despliegue de la historia natural al abrigo de la expansión imperial europea (Asúa, 2005: 109-114). La retórica y la lógica de la circular oficial se prolongaban en el anuncio que apareció en la *Gaceta* del 7 de agosto de 1812 (núm. 18, vol. iii: 261), pero con un énfasis en los beneficios que el museo brindaría al comercio y la defensa. En el periódico se afirmaba que "nada importaría que nuestro fértil suelo encerrase tesoros inapreciables en los tres reinos de la naturaleza, si privados del auxilio de las ciencias naturales ignoramos lo que poseemos". Son estos conocimientos, se decía, los que pueden apoyar la "perfección" de las relaciones mercantiles y "la defensa de nuestras costas". En síntesis, el articulista daba a entender que tanto el poder comercial como el militar descansarían sobre el registro de las riquezas naturales.

El museo se organizó como una continuación natural de la lógica centralista del Triunvirato. Tal como Moreno ordenó que se remitieran a Buenos Aires los libros de los jesuitas que habían quedado a cargo de las Temporalidades en Córdoba, Rivadavia ordenó que se envíen a la capital las "producciones" de los territorios para armar un museo. La respuesta fue el silencio, que se volvió más audible por una nota aislada enviada por un tal Bernardo Pérez Planes el 29 de septiembre, desde

Misiones, quien pensaba enviar "un animalito de estos Montes", que "aunque nada particular", dice, vale la pena de remitirse, pues "quizás no los haiga en esas campañas" (citado en Lascano González, 1980: 31 y 32).

La única contribución de la que tenemos noticia es la de Bartolomé Doroteo Muñoz (sobre quien hablaremos en un próximo capítulo), efectuada cuando era vicario general del Ejército de la Banda Oriental. Muñoz era un sacerdote español que llegó al Río de la Plata de niño en 1776 y estudió en el Real Colegio de San Carlos. Por un artículo suyo de 1827 sabemos que habría podido sacar los objetos de su colección de Montevideo hacia Buenos Aires en septiembre de 1813, poco más de un año después del artículo de la *Gaceta* (Beck, 1931: 72 y 73). Su donación fue hecha pública recién en el número del 11 de junio de 1814 de dicho periódico, a pedido del interesado (*Gaceta*, núm. 110; vol. IV: 107 y 108). Allí se puntualiza que dicha donación fue, en realidad, efectuada a la Biblioteca Pública, y se enumeran los libros (véase Apéndice 1), planos y "objetos de historia natural e instrumentos para empezar a formar un gabinete". De los instrumentos hablaremos en el próximo capítulo. Respecto de los "objetos de historia natural", se destacaban "quinientos testáceos que forman una regular colección de conchas de sus 36 géneros de Linneo" (con lo cual nos enteramos de que Muñoz utilizaba la clasificación linneana para organizar sus especímenes). También regaló una serie de "estampas" pintadas por él (72 de mamíferos, 103 de aves, 53 de insectos, 19 de anfibios, 19 de "zoófitos naturales" y 72 de vegetales). Había, además, 18 muestras minerales, entre ellas, tres fósiles "preciosos" ("Echinites, planorbites, cardiolites"), dos muestras de plata de distinto tipo, "un pedazo de Espato Flúor en cristales octaedros sobre piedra córnea" de Derbyshire, otro "de cal primitiva en cristales de Horn-blenda" de Escocia. A éstas les agregó geodas, espatos, petrificaciones, etc. El director supremo José Rondeau, dice la *Gaceta*, ordenó al director de la biblioteca que se hiciera cargo de los ítems entregados.

En un artículo publicado 13 años después en *La Crónica Política y Literaria* del 9 de junio de 1927 se decía que la colección de Muñoz "puede satisfacer los deseos de un aficionado, mas no llena las exigencias de los sabios". En un número siguiente de dicho periódico, del 16 de junio, Muñoz se queja amargamente de este "mortificante desprecio", recapitula (con imprecisiones) la historia de su donación y requiere una reparación moral. En parte la obtuvo, pues en ese mismo número los editores publicaron palabras conciliatorias, aunque no dejaron de insistir en que el propio Muñoz debería conocer "sobradamente la extensión de la ciencia, para no echar de ver la dificultad de satisfacer por sí solo la curiosidad de los sabios" (véanse los textos en Beck, 1931: 72 y 73). Aparentemente, Muñoz siguió coleccionando después de su donación inicial, pues en su carta de protesta afirma que le costó 35 años reunir las "cerca de seis mil piezas clasificadas científicamente" que poseía. En una nota necrológica aparecida en *El Lucero* del 3 de junio de 1831 se mencionaba "un pequeño museo de historia natural que había formado para su uso" (citado en Beck, 1931: 73). ¿Se trataría de los 6.000 especímenes de los que hablaba el mismo Muñoz cuatro años antes? En todo caso, el cruce de palabras entre Muñoz y el autor del artículo en *La Crónica* –diario fundado por Pedro de Angelis– interesa porque pone de manifiesto la muy borrosa frontera que existió, bien entrado el siglo XIX, entre los "aficionados" y los "sabios", es decir, los profesionales en el campo de la historia natural. Dicha frontera era mucho más permeable en una sociedad como la del Río de la Plata a comienzos del siglo XIX, en la cual los únicos profesionales capaces de exhibir títulos legitimantes venían del exterior, como es el caso de Aimé Bonpland.

Otro gabinete de curiosidades entregado a la Biblioteca Pública fue el que la sucesión de Saturnino Segurola donó a dicha institución en 1854 junto con la valiosísima colección de mapas y manuscritos del canónigo patriota. Carlos Tejedor, entonces director de la biblioteca, pasó los objetos del gabinete al museo por nota del 12 de diciembre de ese año. Quedó una lista de esta colección efectuada por Santiago Torres, quien la inventarió por nota del 29 de enero de 1855 (véase [*Revista de la Biblioteca Nacional*], 1940: 12 y 13). Aquella comprendía el típico gabinete de *amateur*, con "curiosidades" de historia natural, artefactos de culturas "exóticas" y objetos históricos. Vale la pena reproducir el inventario: una caja con medallas antiguas de cobre (nacionales y extranjeras), una colección de caracoles y mariscos, cuatro cajones de minerales, un cajoncito con muestras de mármol, un coco raro, un cuerno de búfalo, un sombrero chino, una dentadura de tiburón, una cabeza disecada de carnero del Cabo, varias plantas marinas, un modelo de arado, un puñal griego antiguo, tres zapatos chinos, "el primer estandarte paseado por Garay en esta ciudad", una cartera perteneciente a un inglés (1807), "varios atributos de franca-Masonería" ([*Revista de la Biblioteca Nacional*], 1940: 14). Según otra descripción, Segurola habría poseído también microscopios, linternas mágicas, fragmentos de árboles petrificados, osamentas, colecciones de mariposas y láminas coloreadas de animales (Furlong, 1948: 395). Es evidente que Segurola tenía un gabinete de curiosidades y que éste era conocido.

En un número de la *Gaceta* del 16 de noviembre de 1816 se informaba que se había encontrado un cordero teratológico (con una cabeza y dos cuerpos) en Chicligasta (Tucumán) "cuya piel fue enviada por el gobernador al Director y está en poder de Segurola" (núm. 81, p. 332, vol. IV: 684). En una carta del 2 de julio de 1804, Dámaso Larrañaga escribía a Segurola con admiración por "todo lo más brillante que puede adornar un precioso Museo, un curioso gabinete y una selecta Biblioteca [como los que usted posee]" (Falcao Espalter, 1921: 295).

En esa misma carta, Larrañaga describe su propia colección en términos muy desmerecedores: "La de mi Entomología se compone de una escasa centuria de inmundos escarabajos y de tres docenas de unas tristes y desairadas mariposas; la de mi Ornitología consta de unas pieles de pájaros apolilladas; la de mi Ichtyologia de uno u otro pez desecado, y algunos pellejos arrugados" (Falcao Espalter, 1921: 296). En otra carta de 1804 a alguien en Barcelona, Larrañaga decía, un poco más optimista, que deseaba intercambiar especímenes "sobre los tres reinos de la naturaleza, pues de todos ellos tengo colecciones y principios y quiero perfeccionarlos" (citada en Furlong, 1948: 386). Pero esa colección creció considerablemente. Cuando aceptó su designación de presidente de la Comisión de Biblioteca Pública y Museo (de Montevideo), en nota del 18 de octubre de 1837, Larrañaga se refería a "las colecciones minerales y zoológicas y todos mis herbarios que con sus catálogos ofrezco [...] a nuestro Museo Nacional [de Montevideo]. [...] Mis colecciones zoológicas irán acompañadas de todos los restos y fragmentos de mi Dacypus Megaterium [...] siendo colectados por mí assí [sic] a las puertas de esta Capital" (citado en Castellanos, 1951: 44 y 45). Las siete piezas fósiles fueron descriptas en un informe de 1838 redactado por Bernardo Berro y Teodoro Vilardebó, cuyo objetivo principal era la descripción por parte de los autores de los restos de gliptodonte hallados en el departamento de Canelones, en el arroyo Pedernal –de ahí el nombre de "fósil del Pedernal"–. Berro y Vilardebó lo llamaron *Dasypus antiquus* (Falcao Espalter, 1920: 86 y 87; Onna, 2000: 65).

Un cuarto gabinete es el que poseía Benito María de Moxó y Francolí, arzobispo de Charcas entre 1805 y 1816 (en realidad llegó a Charcas desde México el 1° de enero de 1807; fue desterrado de su sede a Salta por Rondeau en 1814 durante la tercera campaña al Alto Perú y falleció allí en 1816). Moxó era un escritor humanista y coleccionista que había llegado a América como obispo auxiliar de Michoacán y luego fue nombrado arzobispo. Durante la Revolución mantuvo sus convicciones realistas, pero ante la llegada de la primera "expedicion auxiliadora" del Alto Perú, hizo varios gestos para adaptarse políticamente al nuevo estado de cosas (Udaondo, 1945: 621-623). Entre ellos debe contarse la donación de libros efectuada a la Biblioteca Pública de Buenos Aires (*Gaceta*, 9 de mayo de 1811, núm. 48; vol. II: 370 y 371; véase el Apéndice 1). Esta donación incluía una colección de medallas de plata grabadas en México "por el célebre D. Gerónimo Gil" en un cajoncito taraceado con maderas de Nueva España y decorado con dibujos del palacio de Moctezuma. "Y para el caso que el gobierno mandase añadir a la Biblioteca un museo de Historia Natural –seguía la nota en la *Gaceta*– [el arzobispo Moxó] ofrece remitir una copiosa colección de cristalizaciones de la otra América, y algunas piedras poco comunes". El Museo comenzó a organizarse (y, como vimos, de modo que no se distinguía del todo de la Biblioteca Pública), pero la oferta de enviar las muestras de rocas no se concretó. El arzobispo de Charcas tenía una considerable biblioteca con una serie de títulos de historia natural tal como podría esperarse de alguien forjado en la cultura católica con intereses americanistas. La *Naturalis historia* de Plinio, las *Observaciones astronómicas* de Jorge Juan, la *Historia plantarum novae hispaniae* en tres volúmenes (Madrid, 1790; se trata de la edición de Casimiro Gómez Ortega de la obra de Francisco Hernández), la *Historia natural y moral de las Indias* de Acosta, una "Historia natural ilustrada" y unas "Tablas mineralógicas" no identificables, las *Lecciones de physica experimental* del abate Nollet (Madrid, 1757), enciclopedias de historia natural muy usadas en países católicos, como el *Espectáculo de la naturaleza* del abate Pluche en 16 volúmenes (Madrid, 1771-1773) y una de las muchas ediciones del *Dictionnaire raisonné universel d'histoire naturelle* de Jacques-Christophe Valmont de Bomare, en nueve tomos (Furlong, 1948: 396 y 397). Moxó también tenía una "Introducción a la Historia Natural de Cochabamba", es decir, una copia manuscrita de la obra de Tadeo Haenke. Por cierto, cuando el arzobispo supo que Haenke estaba explorando los bosques situados al este de Cochabamba, intentó escribirle. Moxó tenía los reflejos del coleccionista de objetos de historia natural. Cuando recién llegó al Alto Perú y supo que el obispo de La Paz estaba visitando la cordillera de Apolobamba, al norte del lago Titicaca, le escribió solicitándole una "sucinta relación de historia natural de aquella remota y desconocida provincia y, si fuese posible, una muestra de sus principales frutos, pues estas noticias y esta colección sería un apreciable ornamento del Museo y Gabinete" (citado en Vargas Ugarte, 1931: xxxiv).

Es de notar que los cuatro *cabinets de curiosités* descriptos pertenecían a clérigos. En efecto, existió en el Río de la Plata un círculo de clérigos naturalistas cuyo miembro más eminente fue el oriental Larrañaga. Los gabinetes eran un dispositivo esencial de la actividad de los coleccionistas de objetos de historia natural y aficionados al tema. Resulta interesante que gran parte de ellos a la larga hayan encontrado su camino como donaciones a los museos, ya sea en Buenos Aires o en Montevideo. De hecho, el Real Gabinete de Historia Natural de Madrid fue fundado por Carlos III sobre la base de la compra de un gabinete privado. Se trataba del *cabinet* del guayaquileño Pedro Franco Dávila, un comerciante que había vivido gran parte de su vida en París y que en 1767 puso en venta su colección (Moxó y Francolí tenía en su biblioteca un ejemplar del catálogo editado en París en ese año). Con la venta, Dávila fue nombrado primer director del Real Gabinete de Madrid, cargo que ocupó hasta su muerte.

Conclusiones

Son muchos los estudios sobre bibliotecas y libros en el Virreinato (en el curso del capítulo hemos citado algunos). Sobre ese fondo, las donaciones a la recientemente creada Biblioteca Pública nos muestran, al menos, cuáles fueron los libros que estuvieron disponibles en Buenos Aires para todo el que quisiera acceder a ellos. A esta altura de nuestro argumento, vamos viendo que la comunidad de interesados en la ciencia en el Río de la Plata era reducida, con lo cual es posible suponer, sobre los indicios que dimos y daremos, que los libros circulaban activamente, tal como lo hacían los objetos de los coleccionistas. Por otro lado, había personas que acumulaban libros de alguna especialidad: los marinos solían tener bibliotecas con libros de astronomía; los ingenieros militares, de matemáticas; los médicos, obviamente, obras de medicina, y los farmacéuticos, de química. Si revisamos la lista de títulos de las donaciones, vemos que abundan los libros de historia natural, agronomía, botánica y física experimental. Éstas eran, pues, las ramas de la ciencia que interesaban al público, por ser más accesibles y por tener alguna consecuencia práctica. En este grupo es posible distinguir tres tipos de texto. Por un lado, la *Histoire naturelle* de Buffon, un símbolo de la Ilustración; por otro, las obras de Linneo; y por fin, las enciclopedias que nunca faltaban en las bibliotecas jesuíticas, como las del abate Pluche o el diccionario de Valmont de Bomare. En cuanto a la física, ya se ha señalado el furor social de la electricidad, materializado en los aparatos de Altolaguirre (que veremos en el próximo capítulo) y los numerosos tomos de Nollet y Sigaud de la Fond. Una consulta a nuestro Apéndice 1 revela la diferencia entre este tipo de literatura científica y los libros de la biblioteca de Aimé Bonpland, más especializados y, sobre todo, actualizados. Pero si bien abundan los libros vinculados al newtonianismo experimental, faltan libros relativos al "Newton de los *Principia*". Lértora ha planteado que esta escasez incidió en la incomprensión de las teorías newtonianas por parte de los profesores en el Río de la Plata (Lértora, 1995).

Mientras tanto, debe ponerse de relieve la existencia de los gabinetes de curiosidades privados, que sugieren una actividad vital de coleccionismo e interés por la historia natural, que en algún caso, como el de Larrañaga, llegó a alcanzar un alto nivel de especialidad y producción, y en otros, como en el de Muñoz, permaneció en una escala de *amateur*. La creación del Museo Público pertenece en realidad a la tercera década del siglo xix, pero ya vimos que Rivadavia ensayó un proyecto a tal efecto y que la única alimentación que recibió dicha iniciativa vino de los gabinetes privados, lo cual es sólo un caso más de lo que sucedía en otras partes –idéntico origen tuvo el Real Gabinete de Madrid–.

III. LA CULTURA MATERIAL DE LA CIENCIA: LOS INSTRUMENTOS

En uno de sus retratos, Felipe Senillosa aparece pintado con un teodolito detrás, atributo que señala su participación destacada en el Departamento Topográfico de Buenos Aires que se fue organizando en la década de 1820. El teodolito es un emblema de los ingenieros topográficos, geográficos, civiles y de los agrimensores. Este símbolo material llama la atención sobre la importancia de los instrumentos y su uso en la práctica de la cultura científica de una época. Desde sus orígenes en la Antigüedad, las ciencias naturales y exactas requirieron el empleo de instrumentos de medida. Con el progresivo desarrollo del método experimental, a esto se agregó el uso de aparatos de experimentación. Los instrumentos y aparatos son la condición de posibilidad material para el cultivo y la enseñanza de amplios sectores de las ciencias. En las misiones jesuíticas, el astrónomo Buenaventura Suárez fabricó sus propios instrumentos astronómicos hasta recibir telescopios de fabricación profesional con los cuales pudo efectuar observaciones que fueron publicadas en las *Philosophical Transactions* (Asúa, 2004a). Durante el siglo XVIII, Inglaterra fue la gran proveedora de instrumentos científicos del planeta, seguida por Francia. En el Imperio español los instrumentos científicos tenían dos circuitos de circulación: la Marina y los comerciantes independientes (Glick, 1989).

Los instrumentos de las comisiones demarcadoras del Tratado de Límites de 1777

Nuestro primer episodio se refiere a los aparatos enviados al Río de la Plata por la Corona, alrededor de 1782, con el fin de ser utilizados por las comisiones demarcadoras del Tratado de Límites de San Ildefonso (1777). A cada una de las partidas demarcadoras se le había adjudicado un equipo que consistía en 12 cajas de instrumentos y libros que los contemporáneos consideraban de gran calidad (Furlong, 1945: 100). Hay al menos dos testimonios con listas y descripciones de instrumentos de astronomía, meteorología y planimetría que habían sido encargados en Londres por un comisionado portugués, João Jacinto de Magallanes, para ser utilizados por las comisiones demarcadoras. Se trata de los diarios de Diego de Alvear y de Andrés de Oyarvide.

La lista de Alvear menciona, entre otros (se simplifican las descripciones): un péndulo astronómico de Graham, dos anteojos acromáticos de triple objetivo y dos de mano de Dollond –de 2 y 3,5 pies de distancia focal (el segundo fue utilizado más tarde por Octavio Mossotti)–, un cuadrante de 12 pulgadas de Simpson, un sextante de madera, un barómetro y dos termómetros con escalas de Réaumur y Fahrenheit de Nairne y Blunt, un micrómetro filar para medir ángulos pequeños (se usa en el telescopio), un estuche matemático, un círculo astronómico de 8 pulgadas, compases, un transportador y reglas, un teodolito grande y dos menores, una aguja magnética, una luneta acromática de pasajes, un reloj de segundos horizontal y varios atlas y libros de astronomía (Alvear, 1900: 299 y 300).

La lista en la memoria del cartógrafo Oyarvide es mucho más detallada y contiene la descripción de cada instrumento (Oyarvide, 1865: 14-18). En dicha memoria se menciona el establecimiento del "observatorio" en la casa de José Sourryère de Souillac. Desde allí, el 18 de marzo de 1783, se observó un eclipse de Luna. También se determinaron las coordenadas de Buenos Aires. Sobre la base de 24 observaciones de estrellas y cuatro del Sol se estableció una latitud sur de 34° 36' 38" 5. A partir de ocho observaciones de inmersiones y emersiones del primer satélite de Júpiter, efectuadas entre el 28 de marzo y el 19 de septiembre de 1783, se calculó una longitud para la ciudad de Buenos Aires de 52° 10′ 33″ respecto del meridiano de Cádiz (Oyarvide, 1865: 29).

En el diario de Diego de Alvear, jefe de la segunda división de límites, se mencionan muchas observaciones astronómicas. Por ejemplo, el 11 de enero de 1784, en Arroyo de Pando, a pocas millas de Montevideo, Alvear observó

> un cometa caudatorio hacia la constelación austral de la Grulla. Su diámetro aparente se manifestaba como una estrella de segunda magnitud, y la cola inclinada a la parte opuesta del Sol aparecía bajo la proyección de un ángulo de dos grados. [...] Notamos su movimiento como al N.N.O., de la cantidad de grado y medio a dos grados, en 24 horas (Alvear, 1900: 339).

Alvear también llevó a cabo la determinación de las coordenadas de guardias, fortines, parroquias y pueblos de indios del obispado de Buenos Aires con referencia al meridiano de esta ciudad (Alvear y Ward, 1891: 584).

Malaspina fue el primero que pensó en utilizar los intrumentos de las comisiones demarcadoras con fines propios; para eso, cuando llegó al Río de la Plata se puso en contacto con el comisario de la primera partida, el capitán de navío José Varela y Ulloa. Los instrumentos de esta primera partida le fueron en efecto transferidos a través del piloto Joaquín Gundín y del maestro instrumentista José de Santaella, y los usaron Dionisio Alcalá Galiano (el cartógrafo de la expedición Malaspina) y el oficial Juan Vernacci en Montevideo, para observar el tránsito de Mercurio del 5 de noviembre de 1789. Estos datos fueron usados por Urbain Le Verrier para calcular el perihelio de Mercurio (Glick, 1989: 55 y 56).

Es significativo que los libros e instrumentos de las partidas demarcadoras fueron también a la larga utilizados en la Academia de Náutica del Consulado. En efecto, en 1802 Belgrano logró utilizar los aparatos de la segunda y quinta partidas (comandadas por Diego de Alvear y Félix de Azara) que estaban en poder de la Junta de Real Hacienda (no los que usó Malaspina en Montevideo, que pertenecieron a la primera partida de José Varela). Así pasaron a la Academia de Náutica dos teodolitos, tres sextantes, un nivel circular de alidadas, tres horizontes artificiales, una cadena de agrimensor, dos escuadras, círculos graduados, dos barómetros, dos termómetros, estuches de matemáticas, siete reglas, un instrumento para trazar paralelas, dos micrómetros filares, un cuarto de círculo, dos cuadrantes astronómicos, un instrumento de pasaje, cuatro anteojos o lunetas acromáticas, dos pendulos astronómicos, brújulas, etc. (Besio Moreno, [1920] 1995: 80, 81 y 104).

Los premios en los exámenes de la Academia de Náutica consistían frecuentemente en instrumentos. En los primeros certámenes de 1802 los dos primeros premios fueron un sextante y un octante; en el certamen de enero de 1803 el primer premio fue un sextante, los libros de Bails y un estuche de matemáticas; al año siguiente, tres estuches de matemáticas (Tjarks, 1962, II: 835). No era difícil obtener instrumentos de navegación en Buenos Aires, al fin y al cabo una ciudad-puerto. En *La Crónica Argentina* del 10 de septiembre de 1816 se anunciaba la venta de cuatro "Teodolites [sic] y otros varios instrumentos indispensables a todo ingeniero y demás que se ocupan de operaciones geodésicas" (*LCA*, núm. 15; VII: 6297).

Para tener otro ejemplo de qué tipo de instrumento se usaba en una expedición científica de exploración podemos recurrir a la lista que el botánico, explorador y naturalista Tadeo Haenke, llegado al Virreinato con la expedición Malaspina, solicitó al gobernador intendente Francisco de Viedma en un informe sobre los ríos navegables de las provincias de Moxos y Chiquitos de 1799 (sobre el que hablaremos más tarde). Haenke solicitó un sextante de horizonte artificial o cuadrante astronómico, un telescopio gregoriano, un reloj de longitud (en lo posible, del relojero Kendal), un teodolito, una cámara oscura, un par de agujas de marcar en caja pequeña de metal amarillo y tapa móvil y sus dioptras para el teodolito, cien pliegos de papel, cinco docenas de lápices ingleses superfinos, los almanaques náuticos o "conocimiento de los tiempos" para 1800, 1801 y 1802, y un anteojo largavista (Haenke, 1900b: 171).

Desde una perspectiva más amplia, la llegada de las comisiones demarcadoras al Río de la Plata no sólo trajo consigo los aparatos que usó la Academia de Náutica, sino que fue el motivo del arribo a Buenos Aires y Montevideo de un muy considerable grupo de personas capacitadas para la aplicación de las ciencias exactas a problemas militares, políticos y de ingeniería civil. Ya mencionamos que el entonces alférez de milicias Pedro Cerviño, luego director de la Academia de Náutica, llegó como ingeniero de la tercera partida. De hecho, gran parte de este personal se afincó y tuvo una actuación destacada, ya sea en la exploración del territorio, la agrimensura o la ingeniería militar y civil. El caso más conocido quizás sea el de Félix de Azara, quien arribó como jefe de la tercera partida, y que fue sin duda el hombre de ciencia más relevante durante su permanencia de casi diez años en el Río de la Plata, hasta 1801, año en que regresó a España.

Azara partió, pero otros se quedaron y estuvieron en actividad durante los años posteriores a la Revolución de Mayo. Es el caso de José María Cabrer, que permaneció hasta su muerte, en 1836, y a la larga fue jefe del Departamento Topográfico de la Provincia de Buenos Aires; de Bernardo Lecocq, de quien se dijo que "no hubo obra pública que se proyectara sin que se lo consultase" y que vivió hasta 1820; de José Sourryère de Souillac, fallecido en ese mismo año, autor del "Itinerario de Buenos Aires a Córdoba" y que trabajó en muchos proyectos de relevamiento topográfico, o de Pablo Zizur, que cuando murió en 1809 era capitán del puerto de Buenos Aires (véase Furlong, 1945, pássim). Cabrer, cuando era comandante de ingenieros del puerto de Buenos Aires, envió en abril de 1787 una nota al secretario del virrey diciendo que en un cuaderno que le había sido remitido para ordenar los instrumentos (aunque no estaba seguro de haberlo leído ahí) aparecía un invento "del gran Franklin" que describía de manera pormenorizada, y que no era otra cosa que el pararrayos para buques y edificios (Furlong, 1956). El poder destructor de los rayos depertaba interés. En el *Telégrafo* del 23 de mayo de 1802 (*TM*, t. IV, núm. 4, f. 62) apareció un artículo sobre el "rayo" en el que se proponían medios, atribuidos a Franklin, para precaverse de este meteoro en el interior de las casas, como acostarse en una hamaca suspendida de las paredes por "cordones de seda, de lana, o de pelo". Curiosamente, el artículo no menciona el pararrayos.

En cuanto a la formación del personal de las comisiones de límites, Juan Francisco de Aguirre y Diego de Alvear habían estudiado en la Academia de Guardias Marinas de Cádiz; Azara y Cabrer, en la de Barcelona; Pedro Cerviño, en la Academia Naval del Ferrol. Es decir que los líderes de las comisiones habían sido forjados en las instituciones de modernización y tecnificación de la Armada y del Ejército, creadas en España a mediados del siglo XVIII. Por lo tanto, una parte importante de la elite profesional del Río de la Plata en los años que siguieron a la Revolución de Mayo fue un producto indirecto de los planes de reforma y creación institucional impulsados por el marqués de Ensenada, secretario de Hacienda, Marina e Indias de Fernando VI. Más que las grandes expediciones españolas de la segunda mitad del siglo XVIII, cuya contribución a la cultura científica del Río de la Plata fue tangencial, lo que en esta región tuvo mayor consecuencia fue la formación de un clima de opinión profesional y de capacidad de ejecución por parte de un grupo de personas educadas en las nuevas academias borbónicas. En la mayoría de los casos, estos ingenieros navales y militares llegaron con las comisiones demarcadoras, resultado del interminable conflicto limítrofe entre las coronas de España y Portugal.

EL GABINETE DE FÍSICA DE ALTOLAGUIRRE

El funcionario colonial Martín José de Altolaguirre (contador del Real Tribunal de Cuentas, ministro tesorero general y comisario de guerra) también fue un entusiasta de la modernización de los métodos de agricultura (Udaondo, 1945: 61). Alcanzó notoriedad porque se dedicaba a ensayar en su quinta procesos de aclimatación de especies exóticas. A Altolaguirre se lo acredita como el introductor del cultivo de cáñamo y de lino en Buenos Aires. El 12 de diciembre de 1795 presentó ante el Consulado una memoria "Sobre el estado de la agricultura, artes y comercio de la provincia". La memoria anual que presentó Belgrano en el Consulado el 9 de junio de 1797 se basaba en su conocimiento de lo que sucedía en la famosa quinta de la Recoleta. Su título era "Utilidades que resultarán a esta provincia y a la península del cultivo del lino y cáñamo" (Gondra, 1923: 163-182). En ella Belgrano destaca en una nota la importancia de ambos cultivos y pone de relieve la producción de linaza (el "beneficio" de la linaza) que se podría hacer a partir del lino en un molino aceitunero, cuestión que ya había experimentado Altolaguirre (Gondra, 1923: 176). En noviembre de 1797 pocos meses después de que Belgrano leyera su memoria sobre el lino, Altolaguirre ofreció su sembrado de lino y cáñamo, junto con la noria y los estanques, para beneficiar la cosecha (Furlong, 1945: 167). El Consulado respondió positivamente, dispuso la siembra de varios lotes en las tierras del propietario innovador y otorgó un premio a quien hilase mejor el lino. En 1802 se recogió una abundante cosecha y se prepararon dos fardos de lino cosechado e hilado en Buenos Aires, que se enviaron a La Coruña; sin embargo, no hubo respuesta (Tjarks, 1962, II: 774).

En esa misma quinta Martín José de Altolaguirre tenía una colección de aparatos de mostración y experimentación eléctrica que había heredado de su padre, Martín de Altolaguirre, quien la había traído de Europa (Bustos, 1910: 348). Muerto el padre en 1797, su hijo decidió venderla, junto con un conjunto de libros de física experimental. En 1796 la colección de aparatos fue valuada por tres artesanos de Buenos Aires en 9.372 pesos. El que finalmente hizo la compra fue el rector del Colegio de Montserrat, el franciscano Fray Pedro José Súlivan [Sullivan], no sin antes vencer la oposición del Cabildo de Córdoba, que se negaba sobre la base de que tales aparatos no se adecuaban al tipo de enseñanza de la universidad (Furlong, 1945: 166-176). Chiaramonte (2007: 54-57) ya relató las incidencias de la compra.

El gabinete de física de Altolaguirre le fue ofrecido a Sullivan en 1798 para la universidad. No se efectuó la transacción por falta de dinero, y en febrero de 1801 Altolaguirre lo ofertó de nuevo para el Colegio de Montserrat, a 4.000 pesos, es decir, casi la mitad del valor de tasación, pagadero en cuotas, más libros y el envío de alguien que sabía montar los aparatos. El trámite circuló por los vericuetos de la burocracia colonial: pasó del rector al virrey Joaquín del Pino, del virrey al fiscal del Virreinato, del fiscal al gobernador intendente de Córdoba, y de éste al Cabildo, que pidió vista del síndico antes de tratar el asunto (Bustos, 1910: 278-281). El informe del síndico procurador general de la ciudad de Córdoba, Pablo de Cires, del 8 de febrero de 1802, es una defensa ardorosa de la física experimental frente a la física aristotélica "que tiránicamente gobernó las escuelas por más de ocho siglos". El síndico Cires sostiene que los instrumentos son el resultado de la impotencia de los sentidos: "De aquí resultó el microscopio que sujeta a la vista el átomo más imperceptible; de aquí el Telescopio que descubrió tantos portentos en el cielo; de aquí el Barómetro, el Termómetro, el Higrómetro, y otros que hacen perceptibles las cualidades que el sentido no percibe" (Bustos, 1910: 331-335). Con estas reflexiones filosóficas en sus folios, el expediente pasó entonces al Cabildo de Córdoba, que lo trató el 26 de febrero de 1802. El alcalde de primer voto, Cipriano Moyano, se negó a autorizar la compra con el argumento de que no sería útil "no habiendo en esta Universidad estudio de física experimental, maquinaria, ni de las demás facultades comprendidas en la aplicación y destino que deben ellas tener" (Bustos, 1910: 337). El alcalde de segundo voto, Esteban Bouquet y Arias, argumentó que bastaba la física especulativa que se estudiaba para la formación teológica y que "el espíritu del funda-

dor [del colegio] resistía la compra y uso de las máquinas, porque cuando se propuso fundar este convictorio, jamás fue para
jóvenes prácticos en el descubrimiento de los fenómenos naturales, sino solamente doctos teológicos" (Bustos, 1910: 340 y
341). El gobernador intendente Nicolás Pérez del Viso escribió
entonces un informe rechazando con energía la postura del
Cabildo y acusando al cuerpo de que su "disfrazado celo" sólo
servía para disimular "la disonante voz de voluntariedad con
que con tanta impavidez se insulta el nombre del reverendo
Rector" (en efecto, corrían muy injuriosas acusaciones contra
fray Sullivan, propagadas por aquellos que querían eliminar
a los franciscanos de la universidad). Pérez del Viso sostiene
que "nadie duda que la verdadera filosofía es la experimental"
(Bustos, 1910: 345 y 346). El próximo informe del expediente
es del mismo Sullivan (28 de septiembre de 1802), quien se
pone del lado del espíritu reformista de la monarquía borbónica al afirmar que con las máquinas aspira a "sustituir en lugar
del silogismo la demostración de la verdad, que es el método
mandado seguir tan justamente por el soberano, aboliendo
la filosofía antigua" (Bustos, 1910: 350). El informe siguiente del fiscal del Virreinato, Miguel Marqués de la Plata, del
25 de febrero de 1803, es el de mayor profundidad filosófica.
Afirma que de las cuatro partes de la filosofía (lógica, ética,
metafísica y "filosofía natural que llaman teorética y física"),
la última, "ocupada en el examen de las causas, de las cosas
naturales, no puede adquirirse con facilidad y perfección sin
la maquinaria; porque no se da sin ella aquel conocimiento
de la causa por que es o existe una cosa". Si los efectos en el
orden físico son materiales o sensibles –sigue discurriendo
el fiscal, en una reflexión que todavía mantiene su filo filosófico–, sus causas pertenecen al mismo orden, por lo tanto,
"el examen, inquisición y conocimiento de las relaciones que
hay entre la causa y el efecto natural se facilita por demostraciones experimentales y prácticas". La física, continúa, es
necesaria a la teología, porque facilita la demostración de Dios

y de sus perfecciones, de la inmaterialidad del alma "contra los ateístas, deístas y materialistas", porque permite distinguir milagros falsos de verdaderos y porque "depura de la religión sana y santa las preocupaciones y supersticiones de la ignorancia" (Bustos, 1910: 352-361). Marqués de la Plata brinda en este texto una exposición impecable de la "Ilustración católica" representada paradigmáticamente por los benedictinos Benito Feijoo y fray Martín Sarmiento. Todo concluyó con un decreto del virrey del 16 de marzo de 1803, por el que se concedió al rector Sullivan el permiso para la compra.

El trasfondo de la disputa acerca de la compra del gabinete de física era el abierto enfrentamiento del clero secular contra los franciscanos, desde que éstos tomaron la universidad en el momento de la expulsión de los jesuitas. En 1778 Vértiz recibió una real cédula para pasar la casa de estudios a los seculares, pero no se cumplió. El nuevo obispo del Tucumán, San Alberto, llegó como visitador en 1783, y en 1784 se promulgaron sus constituciones para la universidad (las "constituciones de San Alberto"). Estas nuevas constituciones, que no diferían mucho de las del padre Andrés de Rada de 1664, tampoco cambiaron demasiado las cosas. En 1799, durante las etapas iniciales de la oferta del gabinete de Altolaguirre, Ambrosio Funes, hermano del deán y alcalde de primer voto, había escrito un *Memorial* en el que reclamaba la intevención del virrey Marqués de Avilés en la universidad para que pasase a mano de los seculares. Ése fue el comienzo de una campaña contra la orden de San Francisco en la que Ambrosio Funes enlistó a gran parte del Cabildo de Córdoba. La estrategia dio resultado a mediano plazo. Finalmente, llegó al Virreinato la real cédula del 1° de diciembre de 1800, que creaba la Real Universidad de San Carlos y Nuestra Señora de Montserrat. Pero ésta sólo se hizo efectiva en 1808, cuando la universidad pasó a los seculares y fue nombrado rector el deán Funes, durante el virreinato de Liniers. Durante todo este conflicto de cuatro décadas, la jerarquía eclesiástica tendió a proteger a los franciscanos, mientras que la autoridad civil favorecía al clero secular como vehículo de las reformas educativas borbónicas (Garro, 1882: 205-216; Salvadores, 1961b, IV.2: 142; Lértora Mendoza, 1999).

La compra del gabinete de Altolaguirre coincidió con esta tormenta de política eclesial y civil. Los Funes siempre fueron simpatizantes de los jesuitas y ayudaron a sus antiguos maestros en el exilio, como lo prueba la nutrida correspondencia que mantenían con el ex jesuita humanista y botánico santiagueño Gaspar Juárez (Grenón, 1920). Apenas un año después de la Revolución de Mayo, en 1811, Ambrosio Funes ya estaba elevando un memorial a la Junta de Gobierno en Buenos Aires para abogar por el restablecimiento de la Compañía de Jesús en el Río de la Plata, "a fin de que nos hagas aparecer en el horizonte de tu corte, esa aurora brillante, que con sus brillantes luces ilumine las tinieblas de este vasto hemisferio" (Udaondo, 1945: 346). Por otro lado, el hermano menor de Altolaguirre, fray Francisco de Altolaguirre, era un franciscano visitador general de la provincia de Asunción, quien en 1784 había intervenido en el traspaso a los franciscanos del colegio de los jesuitas de Tucumán. La familia Altolaguirre estaba estrechamente vinculada con la orden seráfica.

La descripción de los aparatos de Altolaguirre llena 32 páginas de apretada letra y consiste de 200 ítems (Bustos, 1910: 305-328; cf. otra transcripción del documento en los Archivos de Tribunales, en Furlong, 1945: 200-226). Entre los aparatos había una máquina electrostática de disco y otra de globo de vidrio, jarras y baterías de botellas de Leyden, eolípilas, varillas conductoras, termómetros, balanzas, barómetros, higrómetros, densímetros, una máquina de vacío, máquinas hidráulicas de demostración, instrumentos ópticos (cámara oscura, linterna mágica, microscopios), etc. Era un gabinete de física muy rico, del tipo que popularizó Nollet en Francia y que, como dijimos, servía para fines de demostración en los cursos de filosofía natural y también de entretenimiento en los *salons*. Nollet fue un discípulo de Charles-François du Fay (de quien tomó la teoría de dos tipos de fluido eléctrico) y de René-Antoine de Réaumur.

Tenía una gran habilidad para fabricar instrumentos, que luego vendía; también daba conferencias con demostraciones espectaculares y publicó numerosos libros de gran éxito, varios de los cuales, como hemos visto, estaban disponibles en la Biblioteca Pública de Buenos Aires (Pyenson y Gauvin, 2002). Las teorías eléctricas se enseñaban en los cursos de filosofía de la naturaleza y se ha sugerido que lo que de Newton ingresó a la enseñanza en el Río de la Plata habría entrado a través de Nollet (Lértora Mendoza, 2000). El tema eléctrico aparece en el curso de filosofía de la naturaleza en el Real Colegio de San Carlos de Melchor Fernández, quien en 1782 defendió una serie de tesis de filosofía natural (*physica*) a través de dos de sus alumnos (Dámaso Larrañaga y Juan Gregorio García de Tagle), y en el de Valentín Gómez, quien seis años más tarde se refería en su curso a las teorías de Franklin (Furlong, 1956). Entre los libros de la colección Altolaguirre estaba, por supuesto, el *Essai sur l'électricité des corps* (París, 1746) de Jean-Antoine Nollet y otros volúmenes correspondientes a filosofía natural, como la *Recreaçaõ Filosófica* (Lisboa, 1751-1799) de Teodoro de Almeida, los cinco tomos del *Cours de physique expérimentale et théorique* del abad Sauri (París, 1777) y un manuscrito del padre Altolaguirre sobre el manejo de la máquina de vacío. El tipo de gabinete de Altolaguirre era totalmente inusual para el Río de la Plata, pero demuestra que durante la segunda mitad del siglo XVIII vivía en la región un serio aficionado a la experimentación eléctrica.

A mi entender, lo más significativo de este episodio se revela en los considerandos del deán Funes para su nuevo plan (que discutiremos más adelante). En él se señala la necesidad de enseñar física con experiencias y, para éstas, dice Funes, "se necesita un regular surtimiento de máquinas, que si en Europa son costosas, deben serlo mucho más en esta parte del globo". Señala además que "una feliz casualidad" hizo que el Colegio de Montserrat tuviese "una colección de máquinas, que hace años que compró en cuatro mil duros, por disposición del superior gobierno". Ahora bien, Funes puntualiza que "de estas máqui-

nas hasta ahora no se ha hecho uso, por no haber un maquinario que las entienda y maneje" (citado en Ministerio de Justicia
e Instrucción Pública, 1903: 10 y 11). Todas las discusiones, todas las proclamas filosóficas, todo el ir y venir burocrático y las
intrigas políticas hicieron que las máquinas no fueran utiliza-
das, pues nadie sabía qué hacer con ellas.[1]

INSTRUMENTOS METEOROLÓGICOS

Sobre la base de un trabajo de José María Gutiérrez, Nicolau
(2005: 162-183) ha recopilado todos los intentos de observaciones meteorológicas en el Río de la Plata durante la primera
mitad del siglo xix. El *Telégrafo Mercantil* publicó registros meteorológicos diarios entre el 1° de agosto y el 21 de septiembre
de 1801. En ellos se informaba sobre la temperatura, la presión
atmosférica, la humedad, los vientos y el estado de la atmósfera.
El primer informe estuvo acompañado de un artículo del editor
del diario, Francisco Cabello y Mesa, donde se decía que los registros eran efectuados en una casa de la ciudad por un "perito"
del que se dan las iniciales: D. A. S. C. En ese artículo se describe
el higrómetro utilizado, que era "de paja de avena, adoptado por
los más eximios observadores". Las temperaturas se daban en
grados Réaumur, por lo cual deducimos que el termómetro tenía
doble escala (Fahrenheit y Réaumur). Se indicaba la temperatura diaria mínima y máxima, y la presión. El editor del *Telégrafo*
señala que se observaría la "variación diurna" de la aguja iman-
tada (declinación, en este caso), pero tal dato no aparece en las
tablas que se publicaron. A tal fin se utilizaría "un acero magnético, pendiente de un hilo de seda", según el método descripto

---

[1] Se podría argumentar que Funes subrayó esto para demostrar retroactiva-
mente que la posición de su hermano era la correcta, pero no creo que pudiera
haber falseado los hechos. Más bien parece que, en realidad, el gabinete no fue
utilizado.

por Coulomb en su trabajo de 1785 sobre una brújula cuya aguja está suspendida de un hilo de seda (Coulomb, 1788). El meridiano de referencia, se dice, se había tirado "siguiendo los métodos trigonométricos" (*TM*, 12 de agosto de 1801; II: 339-341).

La segunda serie de observaciones la efectuó Cerviño entre el 18 de enero y el 25 de diciembre de 1805, y fue publicada en el *Semanario* de Vieytes, en un artículo con su continuación (*SA*, 15 de enero de 1806, núm. 174, t. IV, ff. 53-159, y 22 de enero de 1806, núm. 175, t. IV, ff. 161-165). En cada mes, Cerviño registró la temperatura máxima y mínima, y la presión máxima y mínima (y calculó su promedio). Al igual que en el caso anterior, el termómetro tenía escala Réaumur; el barómetro se medía en pulgadas francesas. Cerviño carecía de higrómetro. En la segunda parte del artículo Cerviño da más precisiones sobre el método que utilizó. Por ejemplo, tomaba cuatro valores diarios en cada instrumento con intervalos de seis horas (a las 6, 12, 18 y 24 horas del día). Utilizaba "un barómetro de la mejor construcción y dos termómetros", uno dentro de un cuarto y otro a la intemperie, mirando al sur-suroeste, "sin ninguna reverberación del sol, para que manifieste el grado de temperatura de la atmósfera". Pensaba construir para sus mediciones del año 1806 "un plivómetro [sic] y un atmidómetro; con estos instrumentos mediré la cantidad de agua que llueva y la que se evapore" (el atmidómetro era un instrumento utilizado en el siglo XVIII que medía la cantidad de agua evaporada en un determinado tiempo). Luego dice que "si las circunstancias me hubiesen sido favorables, hubiera construido un anemómetro", sin indicar cuál fue el obstáculo que encontró. En todo caso, Cerviño tenía habilidad como fabricante de instrumentos. En una nota al pie del *Semanario*, se informaba que el director de la Academia de Náutica fabricaba "areómetros de marfil" a pedido (*SA*, 4 de julio de 1804, núm. 94, t. II, f. 349). El areómetro es un sencillo instrumento que se usa para medir densidades o pesos específicos relativos en los líquidos; en el caso mencionado, se recomendaba su uso en la preparación de las lejías para la curtiembre. En otro artículo publicado en el mismo periódico sobre un método para hacer potasa, también se describe el areómetro y el modo de graduarlo (SA, 8 de agosto 1804, t. II, núm. 99, ff. 383-390).

En la segunda parte del artículo, que contiene las observaciones meteorológicas de Cerviño, éste discute la importancia de conocer la variación (declinación) de la aguja magnética, "al tiempo de señalar los deslindes de las haciendas de campo", e insta al Cabildo a que "se hagan por persona inteligente observaciones diarias de variación, con una aguja bien construida". En realidad, Cerviño ya había publicado un artículo previo sobre al asunto con el seudónimo "Cipriano Ventoño" (SA, 21 de septiembre de 1803, t. II, núm. 5, ff. 17-23, y 28 de septiembre, t. II, núm. 6, ff. 25-31), en el que discutía los problemas causados por la aguja en "el deslinde de las posesiones rurales". Cerviño señala que no sólo hay que usar los instrumentos, sino que "es menester conocer los errores de estos instrumentos para rectificarlos, y corregirlos".

Por último, parecería que los artesanos que evaluaron el gabinete de Altolaguirre tenían capacidad técnica para la fabricación de instrumentos: Santiago Antonini era "maestro inventor de relojería mayor y menor de Ginebra y pantómetros"; José Boqui era "maestro titulado en Madrid del arte de platería, de fundiciones", tornero, matricero y fundidor; y Abdon Boqui era tornero. Pero no hay testimonios de que se hayan dedicado a fabricar instrumentos científicos (Bustos, 1910: 329).

LOS INSTRUMENTOS DE BARTOLOMÉ DOROTEO MUÑOZ Y LAS OBSERVACIONES ASTRONÓMICAS EN LA DÉCADA DE 1810

Además de publicar varios periódicos efímeros como *El Día de Buenos Aires* (1816) y *El Desengaño* (1816-1817), Bartolomé Muñoz publicó anualmente, entre 1820 y 1829, el "Almanaque patrio" o *Almanak curioso de Buenos Aires*, dedicado "a los patriotas" –por lo cual recibió el mote de "el almanaquero"– (Lascano González, 1980: 33; Beck, 1931: 67). En él incluía datos meteorológicos de años anteriores, como el día más caluroso, el más frío, el número de días lluviosos, etc. Es interesante señalar que utilizaba un termómetro en escala Fahrenheit (Nicolau, 2005: 170 y 171). Larrañaga, de quien hablaremos más adelante, también publicó durante algún tiempo un *Almanaque* en Montevideo (Castellanos, 1951: 31). El naturalista oriental había fabricado su propio pluviómetro, que describió del siguiente modo: "Formado de un embudo de hoja de lata de un pie cuadrado de fondo y medio pie de alto inglés que entra en una Dama Juana que contiene 7½ pulgadas de agua de dicho pie" (Larrañaga, 1922-1930, vol. I: 224). Larrañaga debe haber usado este instrumento para las observaciones pluviométricas efectuadas entre el 27 de agosto de 1820 y el 18 de enero de 1822 (Larrañaga, 1922-1930, vol. III: 214 y 215).

Además de haber sido el autor del *Himno Nacional* y presidente por cuarenta días en 1827, Vicente López y Planes también fue un aficionado a las ciencias. Con él Bartolomé Muñoz observó el eclipse total de Luna del 9 de junio de 1816 (*LPA*, 25 de junio 1816, núm. 41; VII: 6132). Para ello usó un telescopio refractor, "un buen acromático de Dollond de algo más de tres pies de foco, triple objetivo con tres pulgadas de apertura, un regular reloj de segundos arreglado con la exactitud posible y el plan selenográfico del sabio Hervás y Panduro". El artículo deja claro que Muñoz y López utilizaron para predecir el eclipse el *Lunario* de Buenaventura Suárez, y señala que la publicación tiene por único fin "emular a la juventud patriótica que admirará, como nosotros, los respetos que se deben a las ciencias, y como eternizan la memoria de los que las cultivan al ver cumplidos en estos momentos de placer los pronósticos del Astrónomo Americano Buenaventura Suárez setenta y seis años después que los hizo". El tipo de descripción del eclipse es, en efecto, muy similar al que hizo Suárez en uno de sus artículos publicados en las *Philosophical Transactions* (Asúa, 2005). El tono patriótico característico de Muñoz se concentra aquí en la mención de Suárez como un "Astrónomo Americano".

El 25 de enero de 1819 se vió a Venus en pleno día a simple vista. La noticia apareció en *El Censor* (*EC*, 6 de febrero de 1819, núm. 177; VIII: 7613). Aparentemente alguién lo observó con telescopio, pues se dice que usando tal aparato "se manifiesta en creciente como una luna de cinco días", pero no se dan más noticias del instrumento. Los otros datos pueden haber sido obtenidos con un sextante: "Pasó por el meridiano cerca de las 9½ con un altura de 73 grados distando del sol cosa de 40. Su longitud debe ser de 8 signos y cosa de 20 grados morando un poco al norte de la cola del Escorpión por estar retrógrado".

Finalmente, hay que destacar que ya en su donación de 1813 al museo (Biblioteca Pública) Muñoz había incluido cuatro instrumentos científicos: (1) un microscopio muy completo, con seis graduaciones; (2) un buen anteojo acromático para observaciones astronómicas; (3) un termómetro con las escalas de Fahrenheit y Réaumur, y (4) un prisma (Beck, 1931: 71). Es posible que el telescopio que utilizó con Vicente López sea el mismo que había donado y que pidió prestado para la ocasión, aunque por la descripción parecería haberse tratado de un instrumento mejor. Me inclino a pensar que ambos astrónomos aficionados utilizaron uno de los aparatos que llegaron al Río de la Plata como parte del equipo de las partidas de límites y que después pasaron a la Escuela de Náutica. La mención de que el termómetro tiene doble escala explica por qué pudo dar sus mediciones en grados Fahrenheit.

QUÍMICA Y PÓLVORA

Cuando en 1802 Cosme Argerich dictó su curso de química general y farmacéutica, el Real Colegio de San Carlos le proporcionó útiles y aparatos de laboratorio, y el farmacéutico de los Reales Hospitales y del presidio también le facilitó materiales (Garzón Maceda, 1961: 162). En cuanto a productos químicos, según informaba el *Semanario* del 9 de Mayo de 1804 (*SA*, núm. 86, t. II,

f. 288), en la botica de Antonio Ortiz Alcalde, que había pertenecido al Hospital de Mujeres, se preparaba y vendía "ácido muriático oxigenado" (cloro), ácido sulfúrico, éter sulfúrico, ácido nítrico y "aguas gaseosas imitando a las naturales".

La Revolución trajo la necesidad de fabricar pólvora. De las tres fábricas que se instalaron para abastecer al Ejército del Norte, la principal estuvo en Córdoba. Fue creada por orden de la Junta del 1° de noviembre de 1810 y puesta a cargo de José Arroyo, en el actual pueblo de San Vicente, cerca del Río Primero. En 1812 Arroyo fue reemplazado por el inglés Diego (James) Paroissien, quien tuvo como colaborador al tucumano José Antonio Álvarez de Condarco. Paroissien había llegado en 1806 al Río de la Plata durante la primera invasión inglesa, con el fin de aprovechar alguna oportunidad comercial que se presentase. En Inglaterra había recibido una buena educación general, con fundamentos de química, medicina y cirugía en particular, y siempre estuvo interesado por la mineralogía (Humphreys, 1952: 6). Con la derrota de John Whitelocke, pasó a Río de Janeiro y se unió a los planes de la infanta Carlota, hija de Carlos IV y esposa del príncipe João, a la que varios patriotas aspiraban a nombrar regente o reina. Paroissien regresó a Montevideo desde el Brasil en 1808 y fue apresado y trasladado a Buenos Aires. La Revolución de Mayo lo liberó en junio de 1810 y se unió a Juan José Castelli, representante de la Junta en la expedición al Alto Perú a cargo de Antonio González de Balcarce. Paroissien actuó como médico en la derrota de Huaqui y, cuando Castelli regresó a Buenos Aires, siguió al lado de Juan Martín de Pueyrredón. En marzo de 1812 fue nombrado a cargo de la fábrica de pólvora, con un sueldo de 2.000 pesos anuales. La calidad de la primera pólvora que produjo no era buena, pero pronto mejoró. El azufre y el salitre eran traídos desde afuera de la provincia. Debido a la escasa producción, en 1813 Álvarez de Condarco diseñó un molino hidráulico para fabricar pólvora que fue evaluado en Buenos Aires por el ingeniero militar Ángel Monasterio, quien sugirió varias modificaciones del mecanismo y la sustitución del sistema de percusión por el de compresión. El 23 agosto de 1813, el secretario de la Asamblea del año XIII, Manuel José García, le solicitó a Paroissien que realizara un inventario de la colección de mineralogía del Estado (Humphreys, 1952: 63). Probablemente se trate de la colección de minerales que, como veremos más adelante, Gabriel Antonio de Hevia y Pando había llevado a Buenos Aires desde el Alto Perú en 1806, contratado por Castelli, entonces secretario de Consulado y luego amigo de Paroissien. En todo caso, éste llegó a Buenos Aires el 2 de septiembre y elevó al gobierno sus planes para incrementar la produccion de la fábrica, que había comenzado a mudarse a un terreno vecino. Pronto se pensó en trasladar y ampliar la fábrica, que fue destruida en 1815 por un incendio, con lo cual dejó de funcionar definitivamente. Las otras dos fábricas, instaladas en Santiago de Estero y La Rioja, fueron efímeras. En octubre de 1814 Álvarez Condarco llegó a Mendoza desde Chile luego de la derrota de Rancagua y organizó una fábrica de pólvora en la que se aprovechaba el salitre de la provincia (Loza, 1935; Martín *et al.*, 1976-1980, I: 192-194). Paroissien fue el cirujano mayor del Ejército de los Andes, mientras que Álvarez de Condarco tuvo también una destacada actuación en éste como ingeniero militar y topógrafo.

CONCLUSIONES

La ciencia experimental depende de instrumentos. Ocasionalmente, llegaron instrumentos de óptica y de medición al Río de la Plata, como los encargados por Buenaventura Suárez a mediados del siglo XVIII (Asúa, 2004a) o los que envió la Corona para las partidas de demarcación de límites. No sabemos qué pasó con los telescopios de los jesuitas, pero se puede suponer que fueron saqueados. Los enviados por la Corona para los demarcadores fueron puestos a buen uso gracias a Belgrano, que se preocupó de transferirlos a la Escuela de Náutica. También una de esas cajas fue aprovechada por los miembros de la expedición Malaspina y no es improbable que las observaciones astronómicas de Muñoz y López y Planes se hayan efectuado con un refractor de ese origen. Vimos que los poseedores de gabinetes tenían microscopios, termómetros y barómetros, y todos aquellos que efectuaban observaciones meteorológicas contaban al menos con un barómetro y con un termómetro. Buenos Aires es un puerto y varios testimonios indican que no faltaban instrumentos náuticos.

Como sucede habitualmente, ante la necesidad se desarrolló una industria casera de instrumentos, como lo muestran los casos de Larrañaga y Cerviño. No había instrumentistas especializados, ya que la evaluación del gabinete de Altolaguirre tuvo que ser efectuada por relojeros, torneros y plateros. Varios historiadores se han ocupado de los instrumentos de Altolaguirre sobre la base del expediente que recoge las discusiones desencadenadas por la compra del gabinete por parte del Colegio de Montserrat. Es un caso claro en donde los documentos muestran el enfrentamiento de opciones filosóficas y políticas que se manifestaron abiertamente. Pero la historia debe también entenderse a la luz del conflicto entre el clero secular y los franciscanos. En todo caso, quizás lo más significativo sea que los instrumentos nunca se usaron. Por otro lado, la existencia de un gabinete de tal magnitud en el Río de la Plata demuestra que había individuos que se interesaban por la ciencia experimental lo suficiente como para invertir una abultada cantidad de dinero en ella, aunque fuera para uso personal.

Si es cierto que Argerich usó material del Real Colegio de San Carlos para su curso de química, entonces debemos suponer que en dicho establecimiento había al menos algunos aparatos, aunque no sabemos si eran utilizados en la enseñanza.

IV. LA DIFUSIÓN Y LA DISCUSIÓN PÚBLICA DE LA CIENCIA

Sɪ sᴇ ʜᴏᴊᴇᴀ ʟᴀ ᴘʀɪᴍɪᴛɪᴠᴀ ᴘʀᴇɴsᴀ de Buenos Aires, surgida en la primera década del siglo xɪx, salta a la vista un gran número de artículos de contenido científico. Dado que cualquier empresa periodística es sensible a los intereses y a los gustos de los lectores, la publicación de este tipo de notas revela un público ávido de información acerca de las aplicaciones de la ciencia a las artes y acerca de las novedades científicas que tuvieran incidencia en cuestiones que afligían a la sociedad. Esta tendencia no era específica del Río de la Plata, sino que se manifestó en toda Hispanoamérica durante las últimas décadas del régimen virreinal. Durante la segunda mitad del siglo xᴠɪɪɪ se publicaron en América hispana 22 periódicos culturales, en los que abundaban los artículos sobre ciencias y artes. El más influyente entre nosotros (pues se reproducía material de éste en Buenos Aires) fue *El Mercurio Peruano* (1791-1795), órgano de la Sociedad de Amantes del País, liderada por el médico, científico y patriota peruano Hipólito Unánue. Durante la primera década del siglo xɪx el número de periódicos de este tipo en la América española ascendió a veinte (Saladino García, 2001). Como en el resto de América Latina, en el Río de la Plata los periódicos publicaron artículos escritos por los representantes regionales más conspicuos de las ciencias, como Cerviño o Haenke. También hubo algunos miembros de la pequeña comunidad científica porteña que tuvieron su propio periódico, como el de Senillosa (*Los Amigos de la Patria y de la Juventud*) o los efímeros diarios y almanaques de Bartolomé Muñoz.

El *Telégrafo Mercantil*

El *Telégrafo Mercantil* de Francisco Antonio Cabello y Mesa comenzó a publicarse el 1° de abril de 1801 y terminó de hacerlo el 17 de octubre de 1802. Cabello y Mesa, que en el Perú alcanzó el grado de coronel, había editado en Lima el *Diario curioso erudito económico y comercial* (1790) y contribuyó a la edición del ya mencionado *Mercurio Peruano*. Así como el *Mercurio* era la expresión de una asociación de intelectuales con ideas renovadoras, el proyecto original de Cabello y Mesa en Buenos Aires era que el *Telégrafo* fuese el órgano de la Sociedad Patriótica, Literaria y Económica, cuyo objetivo sería promover ideas fisiocráticas e ilustradas, al estilo de las sociedades patrióticas regionales de la Península estimuladas por el conde de Campomanes (Santillana, 1956-1964, vol. II: 6).

Entre los temas científico-culturales del *Telégrafo Mercantil*, la geografía fue uno de los más cultivados. Las "Lecciones de geografía" no sobrepasan el nivel de generalidades amables (*TM*, 5 de agosto de 1801, t. II, núm. 2, ff. 12 y 13; 15 de agosto, núm. 5, ff. 29-30; 19 de agosto, núm. 6, ff. 37-39). Pero hubo artículos más informativos sobre regiones, como la "Descripción del Partido de Pilaya y Paspaya, valle de Cinti en la provincia de La Plata y Arzobispado de los Charcas" del coronel de infantería Juan Antonio Álvarez de Arenales (*TM*, 1° de noviembre 1801, t. II, núm. 26, ff. 185-190) y la "Descripción de la Provincia de Atacama" de Pedro Ignacio Ortiz de Escobar y Abet (*TM*, 2 de diciembre 1801, t. II, núm. 32, ff. 253-255). Se publicaron asimismo una serie de notas cortas al estilo de las historias naturales americanas de los siglos XVI y XVII con el título de "Relación histórico-geográfica y física del gobierno de Montevideo y de los puertos, y pueblos de la campaña del Río de la Plata", de Juan Puebla (*TM*, 7 de febrero de 1802, t. III, núm. 6 , ff. 81-85; 14 de febrero, núm. 7, ff. 89-101; 21 de febrero, núm. 8, ff. 105-113; 28 de febrero, núm. 9, ff. 131-135).

Cabello y Mesa fue un editor perspicaz. No sólo publicó a Haenke (como veremos), sino que también sacó a la luz extractos de las obras de Falkner, Azara y Villarino. Del jesuita Falkner editó "Relación de valles, montañas, ríos, lagunas, temperatura y calidad del país de la parte meridional del Río de la Plata, Tierra del Fuego e Islas de Falkland [sic]" (*TM*, 28 de marzo de 1802, t. III, núm. 13, ff. 185-188; 18 de abril, núm. 16, f. 240). Este texto corresponde a las primeras páginas del capítulo III de la *Description of Patagonia* (Hereford, 1774) de Falkner. De Félix de Azara el *Telégrafo* publicó "De los principales ríos de las provincias del Río de la Plata" (Paraná, Uruguay y Negro) (*TM*, 18 de julio de 1802, t. IV, núm. 12, ff. 214-216; 25 de julio, núm. 13, ff. 226-228; 15 de agosto, núm. 16, ff. 278-281; 29 de agosto, núm. 18, ff. 302-304).[1] De Basilio Villarino se publicaron las

---

[1] Azara tenía la costumbre de modificar sus escritos repetidas veces, con lo cual quedaron varias versiones manuscritas del texto concluido en 1809 y editado póstumamente como *Descripción e historia del Paraguay y Río de la Plata*, 2 vols. (Madrid, 1847). La versión más temprana sería el manuscrito que se conserva en la Biblioteca Nacional (Buenos Aires) con el título "Descripción historica, physica, politica y geographica...", que es un informe al Cabildo de Asunción escrito en 1793. Después estaría el manuscrito "Historia y descripción crítica de las Provincias del Paraguay y del Río de la Plata", que según Mitre habría sido escrito entre 1797 y 1798 y sería una versión modificada del manuscrito de 1793 (Mitre, 1871: 61-63). Para ver cómo Azara transformaba sus textos, puede cotejarse la edición de la *Descripción e historia del Paraguay* efectuada por Márquez Miranda, quien en notas al pie anotó las discrepancias con el informe de 1793 (Azara, 1962). Creo que los fragmentos que publicó el *Telégrafo* corresponden al manuscrito de 1797-1798, pues según Mitre este texto estaba dividido en dos libros, el primero histórico y el segundo "físico" (Mitre, 1871: 61-63). El artículo publicado en el *Telégrafo* sobre el río Paraguay dice al comienzo "según dije en el lib. I, cap. I". Por lo demás, es congruente que el texto de Azara se publicase en el *Telégrafo* de 1801, año en que el naturalista dejó el Río de la Plata y entregó casi todos sus papeles a su amigo Cerviño. De paso, aclaremos que la "Geografía física y esférica de las provincias del Paraguay y misiones guaraníticas", escrita en 1790 y editada en Montevideo en 1904 en los *Anales del Museo Nacional de Montevideo* por R. R. Schuller, es un manuscrito emparentado con el de los "Viajes inéditos", que fue publicado por Bartolomé Mitre y Ricardo Gutiérrez en la *Revista del Río de la Plata* a partir de su primer número, en 1871 (Schuller, 1904).

"Noticias de la costa patagónica" (*TM*, 8 de octubre de 1802, t. v, núm. 2, ff. 28-32).[2]

Llama la atención que Cabello y Mesa haya publicado varios escritos importantes de Tadeo Haenke, el naturalista bohemio que participó de la expedición Malaspina y se radicó en Cochabamba desde los últimos años del siglo xvIII.[3] En el tomo I del *Telégrafo Mercantil*, su editor presentaba a Haenke como miembro de la Sociedad Patriótica y Literaria que estaba organizando. Luego lo designaba por su nombre completo o las notas eran firmadas "por Haenk". El texto más importante de Haenke publicado en el *Telégrafo* fue, sin duda, la "Introducción a la Historia Natural de la provincia de Cochabamba y sus circunvecinas". Esta obra data de 1798 y fue reproducida en francés en el segundo volumen de los *Voyages dans l'Amérique Méridionale* de Félix de Azara (París, 1809, 4 vols.) –también fue editada por Groussac (Haenke, 1900a)–. Comienza con una primera parte descriptiva geográfica (*TM*, 13 de junio de 1801, núm. 22, t. I, ff. 172-174; 17 de junio, núm. 23, ff. 177 y 178). Cabello y Mesa no publicó las últimas páginas de la obra, en las que Haenke discurre sobre la situación política internacional desde el punto de vista de su idea de que los indios del este del Alto Perú debían tener salida comercial al Atlántico a través del Amazonas. Luego critica las misiones franciscanas y elogia con entusiasmo las misiones jesuíticas de Moxos y Chiquitos.

La porción sustancial de la "Introducción a la Historia Natural...", sin embargo, es la que sigue a estas páginas iniciales. Se trata de una serie de breves ensayos científicos sobre los productos minerales, animales y vegetales de la región, con vistas a su utilidad y explotación. La memoria original estaba acompañada de más de cuarenta cofres con muestras de estos produc-

---

[2] Texto que no corresponde ni al "Informe" ni al "Diario" de Villarino, al menos en la versión de éstos publicada por de Angelis.

[3] El tema de las publicaciones de Haenke en el *Telégrafo* ya ha sido tratado por Ruiz Moreno *et al.* (1955: 26-31) y por Calvo y Pastore (2005). Mi descripción es independiente de los trabajos previos.

tos, que Haenke remitió a Buenos Aires junto con su escrito. El autor señala que ésta es la parte crucial de la "Introducción a la Historia Natural..." cuando dice: "me he propuesto de exponer en esta obrita con el posible orden y método, las más interesante [producciones] [...] como parte de los frutos de mis dilatados y penosos viajes" (Haenke, 1900a: 63). En total, Haenke describió 42 ítems (18 minerales, 3 sustancias animales y 21 vegetales), a lo que hay que agregar una "Memoria sobre el cultivo del algodón y el fomento de sus fábricas en América". Siete de los capítulos sobre minerales y cinco sobre vegetales fueron publicados en el *Telégrafo*, aunque no en el orden consecutivo en que aparecen en la "Introducción a la Historia Natural..." (en nuestro Apéndice 2 figuran los títulos y los datos bibliográficos de los artículos). En conjunto, estos 12 artículos constituyen una selección de la sección más interesante de la obra de Haenke (uno de ellos fue publicado anónimamente).

Por ejemplo, entre los artículos de mineralogía y química hay uno sobre el "cardenillo nativo" (una pátina verde-azulada de acetato de cobre que se forma sobre superficies de ese metal); otro sobre "Oro Pimiente del Perú" (el oropimente es un mineral de arsénico y azufre color limón que se utiliza como tintura); uno de los más informativos, sobre "material para fabricar cristales", tiene por objeto describir los fundamentos de la fabricación del vidrio y a la vez mostrar que Cochabamba es rica en las materias primas necesarias para ello. Hay otro sobre "vitriolo de cobre, vitriolo azul o vitriolo de Chipre" (es decir, sulfato de cobre). El artículo sobre el nitro (salitre) es interesante porque Haenke plantea una hipótesis sobre su formación, en términos de la teoría química anterior a Lavoisier: cierto "álcali vegetal" abundante en tierras calizas se uniría con el "el ayre deflogistizado de la Atmósfera" (es decir, el oxígeno) para dar el nitro (nitrato de potasio). Es sabido que el nitro o salitre es uno de los elementos que se usan para fabricar la pólvora, en particular la que se utilizaba en las minas. Los artículos cortos son descripciones de especies vegetales de utilidad para la medicina o las artes: "La Hamahama, especie de valeriana, remedio específico en los insultos epilépticos", "La Agave vivípara", "Goma. Nuevo arbusto penetrado de Alcanfor", "La Cariofilata de los Andes" y "El Tanitani o Genciana de los Andes". Las descripciones son tan cuidadosas y precisas como las que se pueden esperar de un botánico. Respecto de las propiedades curativas de las plantas, la discusión es informada (es el caso, por ejemplo, de la especie del género *Agave* que Haenke describe y que se usaba en Madrid por sus supuestas propiedades antisifilíticas). Tanto en los artículos sobre productos minerales como en aquellos sobre botánica médica, es clara la intención de describir propiedades que puedan ser útiles y explotables, así como métodos de extracción de principios. Estamos ante una descripción técnica que pone de relieve las grandes posibilidades de explotar las riquezas naturales (minerales y vegetales) de Cochabamba en particular y del Alto Perú en general.

Otro trabajo de Haenke publicado en el *Telégrafo* fue "Noticias de los principales ríos de esta América Meridional, con los que desaguan en ella" (*TM*, 1° de julio, núm. 27, t. I, ff. 209-213; 4 de julio, núm. 28, ff. 217-220; 8 de julio, núm. 29, ff. 225-228; 11 de julio, núm. 30, ff. 233-235). Esta obra, también editada por Groussac (Haenke, 1900b), es una síntesis de la expedición de Haenke por el país de los Moxos y Chiquitos entre mediados de 1794 y mediados de 1795. Finalmente, el *Telégrafo* publicó un informe sobre aguas minerales de Arequipa: "Arequipa. Aguas minerales. Descripción y análisis de las aguas de Yura" (*TM*, 28 de febrero de 1802, t. III, núm. 9, ff. 127-131; 7 de marzo, núm. 10, ff. 137-144; 14 de marzo, núm. 11, ff. 153-156). Esta memoria fue redactada a principios de 1784 por Haenke, quien proyectaba remitirla a Lima para su publicación (Destefani y Cutter, 1966: 47).[4]

---

[4] Además, Cabello y Mesa publicó la "Historia civil y natural del Partido de las Misiones de Moxos y Chiquitos", que fue escrita por él mismo "siguiendo las memorias de los mejores geógrafos" (es decir, Haenke) (*TM*, 19 de agosto, t. II, núm. 6, ff. 39-42; 29 de agosto, t. II, núm. 9, f. 61).

La botánica tenía atractivo en una sociedad pastoril, uno de cuyos escasos medios de ingreso era la agricultura. Así, el *Telégrafo* publicó una "Memoria que enseña el cultivo del añil y la extracción de su tintura" (*TM*, 29 de noviembre de 1801, t. II, núm. 31, ff. 241-245), un "extracto del Dr. Linneo" titulado "Modo de transportarse las simientes en un estado perfecto" (*TM*, 29 de noviembre de 1801, t. II, núm. 31, f. 251), una "Memoria sobre el cultivo del algodón y el fomento de sus fábricas en esta América" (*TM*, 20 de diciembre de1801, t. II, núm. 36, ff. 289-295), otra "Memoria instructiva sobre la grana o cochinilla" (*TM*, 21 de febrero de 1802, t. III, núm. 8, ff. 113-118), una "Noticia de la Flora del Perú y de otras obras botánicas que se van publicando por D. Hipólito Ruiz y D. Joseph Pavón" (*TM*, 23 de mayo de 1802, t. IV, núm. 49, ff. 58-61), extractado de *El Mercurio* de España, y una nota "Sobre el maíz del agua" (*TM*, 3 de septiembre de 1802, t. V, núm. 1, ff. 11-12), es decir, el irupé, que más tarde describiría Bonpland científicamente.

Entre los artículos más conocidos del *Telégrafo* están los extractos del herbario del jesuita Segismundo Aperger. Son cinco (véase Apéndice 2) y tratan sobre la yerba del Paraguay (el mate), la nuez moscada, la virreina silvestre, la algarroba blanca y la sangre de drago.

Los portentos, característicos del barroco, seguían siendo de interés público en la era de la razón. Aparecían publicados en el diario de Cabello y Mesa en una sección titulada "fenómenos". Por ejemplo, el *Telégrafo* del 15 de agosto de 1802 anunciaba que "El terreno de la Villa de Tarija acrecienta los huesos" (*TM*, t. IV, núm. 16, ff. 281 y 282). En otro número se informaba que en San Agustín de Cheuca, partido de Lipes en el Alto Perú, había una laguna en la que los animales que se acercaban a beber se iban internando hasta que se ahogaban, producto de una "virtud atractiva". Más aún, si alguna mujer se aproxima, decía la nota, "se alteran sus aguas con olas violentísimas" (*TM*, 3 de septiembre de 1802, t. V, núm. 1, ff. 6-7).

Las epidemias fueron siempre un fenómeno de obvio interés social y el *Telégrafo* se ocupaba de publicar material que en conjunto contribuía a establecer un espacio de discusión acerca de sus causas y de las medidas preventivas y curativas que podían adoptarse para combatirlas. Un ejemplo de esto es la serie de artículos sobre "el mal de los siete días", una epidemia que afectaba a los recién nacidos (se trataba del tétanos infantil por infección del cordón umbilical). La primera nota reprodujo una orden real del 25 de mayo de 1795 al virrey de Buenos Aires, que establecía que se aplicase "aceite de palo" (bálsamo o aceite de copaiba) luego de cortar el cordón del recién nacido, sobre la base de la experiencia de los médicos de Cuba (*TM*, 29 de noviembre de 1801, t. II, núm. 31, f. 246). Esta nota fue seguida por un informe del teniente de protomédico del Paraguay Antonio Cruz Fernández, del 29 de diciembre de 1800, sobre la adopción del aceite de palo (*TM*, 29 de noviembre de 1801, t. II, núm. 31, ff. 247 y 248). Por último, Cristóbal Martín Montúfar, teniente de protomédico en Montevideo (que firmó con sus iniciales), propuso un método alternativo al oficial, que consistía en baños de todo el cuerpo (*TM*, 7 de marzo de 1802, t. III, núm. 10, ff. 148-152; 14 de marzo, núm. 11, ff. 156-158). El episodio tuvo otras alternativas, pero lo que nos interesa señalar aquí es la publicación de los informes médicos en un periódico de circulación general (véase Molinari y Ursi, 1961). En los periódicos virreinales no existía frontera entre el discurso profesional, técnico, y la discusión pública. A fin de ilustrar este fenómeno veremos a continuación las medidas adoptadas para combatir la viruela, tal como fueron tratadas en el *Telégrafo* y en el *Semanario de Agricultura, Industria y Comercio* editado por Hipólito Vieytes (al que examinaremos por separado en otra sección).

VARIOLIZACIÓN Y VACUNACIÓN

El examen de los artículos sobre medicina que aparecieron en el *Telégrafo* y en el *Semanario* de Vieytes muestra con claridad que el discurso médico era "abierto", en el sentido de que en las discusiones participaba cualquier miembro de la población, sin necesidad de calificaciones profesionales. Esto explica la abundancia de artículos sobre temas como las epidemias, que competían a todos en algo tan fundamental como la propia vida.

El 14 de mayo de 1796 Edward Jenner inauguró una nueva era en la historia médica y social al inocular con material de vacuna (una enfermedad del ganado) al niño James Phipps, a fin de probar su hipótesis de que así estaría protegido contra la viruela. Pero la vacunación tardó en ser aceptada. Hasta entonces se utilizaba la variolización para prevenir la epidemia que azotaba al Viejo Mundo y que contribuyó a diezmar a la población del Nuevo Mundo. Con este método se inoculaba en una persona sana material de una lesión de viruela para generar una forma atenuada de la enfermedad. El método, que había sido usado en China y que fue introducido en Europa desde Turquía a comienzos del siglo XVIII por lady Mary Wortley Montagu, la esposa del embajador británico, era riesgoso y los beneficios no estaban claros, ya que la probabilidad de desarrollar la enfermedad en su forma grave oscilaba entre el 0,5 y el 2%, además del riesgo de diseminación de la infección. El que introdujo la variolización en España y en el Río de la Plata fue Miguel O'Gorman, el fundador del Protomedicato del Río de la Plata. En 1771 Carlos III envió a este prestigioso profesional irlandés a Inglaterra para interiorizarse del método y al año siguiente comenzó a difundirse la práctica de la variolización en la Península. O'Gorman llegó al Río de la Plata en 1777 como primer médico de la expedición de Pedro de Cevallos. Hay indicios que sugieren que comenzó a variolizar poco después de su arribo. En todo caso, la variolización ya era corriente en la epidemia de 1793 (Cantón, 1921: 171-178), aunque había resistencia. Años más tarde, en el *Telégrafo* del 6 de mayo de 1811 (TM, núm. 11, t. I, f. 83), se publicó una carta del 18 de abril de 1801 enviada desde Montevideo y firmada por el doctor Pedro Juan Fernández, quien se quejaba de la resistencia a la inoculación en esa ciudad. La carta iba seguida de un comentario editorial titulado "La salud del pueblo sea la primera ley", que recomendaba la inoculación y citaba los buenos resultados que se habían obtenido inoculando a los indios de las misiones –es muy probable que ésta fuera una referencia a las epidemias de 1797 y 1798, durante las cuales se practicaron millares de variolizaciones– (Cantón, 1921: 179).

Dos meses después se publicó una noticia que quizás haya pasado desapercibida para los lectores del *Telégrafo*. Era una breve nota que anunciaba la aparición de la "vacina" (es decir, la vacuna), tomada de un artículo aparecido en la *Gazeta de Madrid* del 10 de marzo de 1801: "El Editor, según los informes que ha tomado de muchos y diferentes extranjeros, cree que el nuevo invento de la *Vacina* está solo reducido a inocular con una viruela que regularmente se halla en las tetas de casi todas las vacas". Paradójicamente, esta nota estaba precedida de una respuesta a la carta de Fernández en la que se defendía la oposición a la variolización que este médico había criticado (*TM*, 5 de julio de 1801, t. I, núm. 31, ff. 241-247). Al año siguiente se publicó un artículo que proclamaba un "Modo de precaver las viruelas", escrito por un entusiasta que parafraseaba la hipótesis de un tal doctor Martín Martín de Villanueva, según el cual la causa de la viruela habría sido "la introducción en las partes interiores del humor que rodea al feto en el vientre de la madre" (*TM*, 17 de enero de 1802, t. III, núm. 3, 29-35). Muy poco después, el 18 de abril de 1802, el *Telégrafo* anunciaba que el doctor Francisco Piguillem había efectuado la primera vacunación en España, en la villa de Puigcerdá (lo cual tuvo lugar en 1800). Esto significa que el *Telégrafo* no sólo informó sobre el descubrimiento de Jenner, como vimos, sino que también anunció la llegada de la vacunación a la Península (*TM*, t. III, núm. 16, ff. 246 y 247). Pero las cosas estaban muy lejos de estar definidas a favor del nuevo método de la vacunación, como lo demuestra el hecho de que cuatro meses después el mismo *Telégrafo* publicó una nota "levantada" de un periódico de Lima, escrita por un tal Severino Rui Díaz, sobre el uso de la variolización en los esclavos negros de las Antillas por parte de "un médico francés" (*TM*, 29 de agosto de 1802, t. IV, núm. 18, ff. 301 y 302). Esta noticia sobre un método que se eclipsaba fue seguida por un informe sobre una prueba acerca de la vacuna de Jenner efectuada en París en 1801 (*TM*, 17 de octubre de 1802, t. V, núm. 3 extraordinario, ff. 46-48).

La expedición de Francisco Javier de Balmis, médico de cámara de Carlos IV, enviada por la Corona española para difundir la vacuna en el Imperio español, salió de La Coruña en noviembre de 1803 con 22 niños vacunados (con el virus de la vacuna). Pero la vacuna no llegó al Río de la Plata a través de la expedición de Balmis, sino en un barco negrero. El buque fue la *Rosa del Río*, propiedad del portugués Antonio Machado Carballo (también Carvallo o Carvalho), que llegó a Montevideo el 5 de julio de 1805 con personas esclavas vacunadas. El *Semanario* de Vieytes del 17 de julio anunció en una brevísima nota la llegada a Montevideo de esta fragata portuguesa desde Río de Janeiro (*SA*, t. III, núm. 148, f. 368). En Montevideo, el gobernador Ruiz Huidobro y los médicos José Geró y Juan Cayetano de Molina trataron de vacunar a algunos niños a partir de los esclavos, pero no tuvieron éxito. El cirujano Cristóbal Martín Montúfar (el ya mencionado teniente de protomédico en Montevideo) inoculó a cuatro niños con la vacuna conservada "entre vidrios" que le dio Carballo y este ensayo resultó exitoso. La Junta de Sanidad del 23 de julio resolvió enviar la vacuna a Buenos Aires. Ante el requerimiento del marqués Rafael de Sobremonte, el Protomedicato se expidió favorablemente. El mismo Machado Carballo llevó la vacuna (Ruiz Moreno, 1947: 148-153).

La llegada de la vacuna a Montevideo debe haber provocado cierta conmoción en los círculos educados, porque el *Semanario* de Vieytes –en una demostración de criterio periodístico y sensibilidad social a la vez– comenzó a publicar varios artículos sobre la vacunación. El 24 de julio de 1805 apareció una nota que comienza afirmando con optimismo que "desde que el célebre Profesor Jenner halló en un valle de Inglaterra el específico más grande para arrancar de los brazos de la muerte a la décima parte cuando menos de la especie humana", los soberanos del Viejo Mundo han hecho esfuerzos para propagar la vacuna. Luego se afirma que el cura párroco de Baradero, Feliciano Puirredón [sic], "acaba de comunicar a este superior Gobierno el hallazgo de la Vacuna en su Curato" y que vacunó a varios feligreses. El gobierno respondió solicitando que el padre Pueyrredón enviase las vacas a Buenos Aires para que fueran examinadas por el Protomedicato (SA, t. III, núm. 149, ff. 373 y 374). En el número siguiente, el artículo continúa con lo que parece un "manual técnico de vacunación", pues trata, sucesivamente, acerca de los efectos de la falsa vacuna, la época en que se debe extraer el fluido vacuno, la forma de adquirirlo y de hacer las picaduras, en fin, el método para conservarlo y enviarlo lejos –en una nota se advierte que esta información es de 1801 y que en 1804 hubo modificaciones respecto del mejor modo de conservar el fluido– (SA, 31 de julio de 1805, t. III, núm. 150, ff. 377-382). Finalmente, se anuncia la llegada a Buenos Aires de la vacuna desde Montevideo y se relata cómo los doctores Justo García y Valdéz y Salvio Gaffarot vacunaron en la Fortaleza de Buenos Aires. A eso sigue un extracto de un informe sobre la vacuna que en 1803 había presentado una comisión al Institut de France, extraído del *Semanario de Agricultura* de España (SA, 14 de agosto de 1805, núm. 152, t. III, ff. 396-399). En el siguiente número del *Semanario* Vieytes publicó una carta de García y Valdéz y Gaffarot en la que estos médicos relataban cómo el 28 de julio en la Fortaleza "vacunáronse 5 niñas de la Cuna", a partir de pus conservado en un vidrio. En total, entre la noche del día 1° y las mañanas del 2 y del 4 de agosto, se habían vacunado 54 personas (SA, 21 de agosto de 1805, núm. 153, t. III, ff. 401 y 402).

La primera vacunación en mayor escala tuvo lugar el 24 de agosto, cuando se vacunaron 22 personas con el material extraído de dos esclavas. Por acuerdo del Cabildo del 27 de agosto, el 30 de ese mes Argerich comenzó a vacunar gratuitamente a los pobres en el Curato del Socorro, entre la una y las tres de la tarde. Las personas pudientes debían pagar entre uno y cuatro pesos, según fueran de primera, segunda o tercera clase. Dos o tres meses más tarde comenzó a ocuparse de la vacuna el canónigo Saturnino Segurola (Ruiz Moreno, 1947: 141-161). El 6 de noviembre de ese año de 1805, el *Semanario* publicó un artículo que reproducía la carta de un obispo europeo a sus párrocos animándolos a que estimulasen a sus feligreses a vacunarse (*SA*, t. IV, núm. 164, ff. 75-78). A partir de entonces, el periódico de Vieytes registró la marcha triunfal del envío de vacunas a todo el Virreinato: el 4 de diciembre anunció que María Tiburcia de Haedo llevó la vacuna de Buenos Aires a Córdoba, y que ya había llegado a Salta, Mendoza y las misiones (*SA*, t. IV, núm. 168, ff. 109-111); el 25 de marzo de 1806 se publicó que llegaban los agradecimientos al gobierno de Buenos Aires desde Chile y el Perú por haber propagado la vacuna (*SA*, t. IV, núm. 184, f. 238); y el 21 de mayo de ese mismo año se reprodujo un informe del Protomedicato al virrey por haberse logrado la inoculación en Cochabamba (*SA*, t. IV, núm. 192, ff. 305-307). Ésta estuvo a cargo del naturalista Tadeo Haenke, quien, en una notable memoria, describió el procedimiento. El gobernador intendente de Cochabamba, Fancisco de Viedma, había recibido el fluido desde Puno. El 25 de febrero de 1806 Haenke vacunó a ocho niños indios de diferentes edades y comenzó un registro de las manifestaciones de la vacuna. A partir de una de las lesiones, vacunó luego, junto con el médico Santiago Granado, a 33 niños de Cochabamba, "en presencia de las clases más distinguidas del vecindario". Es de notar que el diario de la vacunación de Haenke (algo así como las historias clínicas de los vacunados) fue considerado por el Protomedicato de Buenos Aires "el más claro, metódico y conciso de quantos [sic] hasta ahora ha examinado este Tribunal". O'Gorman y Fabre, que fueron los que firmaron el dictamen, consideraban que tal diario "se halla adornado con observaciones útiles y preciosas reflexiones que tácitamente demuestran ser tan sencilla y fácil esta operación [la de la vacunación]" (citado en Molinari, 1932).

A mediados de 1809 Segurola presentó al Cabildo de Buenos Aires (después de haber fracasado el año anterior con una presentación análoga al Protomedicato) un plan para conservar y propagar la vacuna, que fue recomendado al virrey por acuerdo del 28 septiembre de 1809, en el que se menciona que "el Tribunal del Protomedicato y facultativos de la ciudad han mirado con la mayor indiferencia un asunto de tanto interés" (citado en García de Loydi, 1975). Dos semanas después, el 11 de octubre, el virrey aprobó el plan de Segurola de vacunar en el Curato del Socorro y en la campaña, y una simultánea oferta de Argerich y de Francisco Rivero para vacunar, de gracia, en el resto de la ciudad. Poco antes el síndico procurador general había rechazado un plan de vacunación elevado por el Tribunal del Protomedicato que involucraba honorarios para los médicos extraídos del erario público (que debían sumarse a los honorarios pagados por los interesados), basándose en que Argerich y Rivero vacunaban gratis y en que Segurola "ha conservado y propagado hasta aquí dicho fluido con beneficio general y sin más interés que el de propender al auxilio de la humanidad con el más caritativo celo" (citado en García de Loydi, 1975).

El 25 de junio de 1810, un mes después de la Revolución de Mayo, Cornelio Saavedra se entrevistó con Segurola y el 4 de agosto se declaró obligatoria la vacuna, tal como aspiraba éste en su plan original. En las declaraciones oficiales se insinuaba dejadez por parte del anterior gobierno virreinal. Por ejemplo, por el decreto de la Junta del 2 de julio de 1810, se envía un facultativo a vacunar a Pergamino "donde gime la humanidad por no haberse proporcionado a sus habitantes el preservativo de la vacuna" (citado en Cantón, 1921: 192 y 193). En la *Gaceta* del 23 de octubre de 1810 se informaba sobre cómo se propagaba la vacuna en la campaña y que se habían inoculado a 2.512 individuos en los pueblos de Rojas, Pergamino, Rosario, San Nicolás y San Pedro, donde había una epidemia (núm. extraordinario; vol. I: 533 y 534). Segurola envió vidrios con vacuna a todo el territorio: a Córdoba, solicitada por Juan Martín de Pueyrredón; a Montevideo, pedida por Dámaso Larrañaga; a Patagones, requerida por Rivadavia. Segurola vacunaba en la casa parroquial de la Quinta del Socorro y en una quinta de su hermano Romualdo, actual Parque Chacabuco, a la sombra de un pacará. La *Gaceta* del 9 de noviembre de 1816 informaba que la gente debía obtener el "fluido vacuno" de los alcaldes y de los comandantes, y proponía que las mujeres instruidas fuesen las vacunadoras, pues se consideraba a la vacunación "una operación que es muy compatible con la delicadeza del sexo y con sus conocimientos y muy propia de su natural esmero y prolijidad". En ese artículo, Manuel Moreno calificó a Segurola como "el segundo padre de la juventud de Buenos Aires" (*Gaceta*, núm. 80, 327 y 328; vol. IV: 678 y 679).

EL *SEMANARIO* DE VIEYTES

El *Semanario de Agricultura, Industria y Comercio* de Hipólito Vieytes fue publicado desde el 1° septiembre de 1802 hasta el 11 de febrero de 1807 (118 números en total). Este periódico fue modelado sobre el *Semanario de Agricultura y Artes dirigido a los Párrocos de Madrid* (1797-1808), a cargo de Francisco Cea, del que se reproducían artículos con frecuencia. El juicio de Gutiérrez sobre Vieytes es conciso y justo: "Promover la riqueza del país por la libertad de comercio, por la difusión de las ciencias aplicables, y por el cultivo inteligente de la tierra, tal fue el pensamiento constante de la buena cabeza de aquel ilustrado patriota" (Gutiérrez, 1860: 112 y 113). Por cierto, Vieytes tenía esa preocupación por la aplicación de los avances y su difusión, y por la utilidad de la ciencia, que fue un sello distintivo de Benjamín Franklin. De hecho, el *Semanario* publicó una serie de artículos de Franklin tomados del *Semanario de Agricultura y Artes* de Madrid, aunque ninguno de ellos tenía carácter científico. Por ejemplo, "Modo fácil de pagar los impuestos" (*SA*, 5 y 12 de octubre de 1803, t. II, núm. 55 y 56), "De los que se casan muchachos" (22 de febrero de 1804), "El silbato de Franklin" (*SA*, 6 de junio de 1804, t. II, núm. 90) o "El arte de tener sueños placenteros" (*SA*, 19 febrero de 1806, t. IV, núm. 179).

Quizás el ejemplo más claro de la perspectiva de Vieytes, íntimamente unida a su propia actividad industrial, sea que su *Semanario* reprodujese un artículo extractado del *Semanario de Agricultura y Artes* madrileño, en el que el conde de Rumford describe sus cocinas cerradas y el nuevo modelo de hogar inventado por él, basándose en sus estudios sobre el calor (*SA*, 23 de octubre de 1805, t. IV, núm. 162, ff. 57-63 y continúa en los números 163 y 164). Rumford fue el que proporcionó argumentos en contra de la teoría del "fluido calórico" e inventó un gran número de dispositivos relacionados con el calor (Brown, 1965, en particular 77-80). Fue en la jabonería de Vieytes donde se usaron por primera vez en Sudamérica los "hornos de Rumford" (Mitre, 1950: 114).

Así como el *Telégrafo Mercantil* publicaba ocasionalmente notas de cultura científica, como las de Haenke, o recetas extraídas de las farmacopeas jesuitas como las de Aperger, el *Semanario* de Vieytes mantuvo una consistente política editorial de acercar a sus lectores series de artículos sobre temas de ciencia aplicada a la agricultura, las artes y la industria (para un panorama general, véase Prelat, 1960). Quizás el proyecto más significativo en la breve historia de este periódico haya sido la publicación de una "Introducción al estudio de los elementos de química", que comenzó el 5 de septiembre y continuó durante 13 números consecutivos. En la entrega inicial Vieytes decía que había estado acopiando materiales de Lavoisier, Antoine-François de Fourcroy, Chaptal y Claude Berthollet, hasta que en el *Semanario de Agricultura y Artes* de Madrid "hallé tratada la materia en cartas a una señora tan completamente y con tanta claridad y precisión, que me propuse dar al público esta preciosa colección de conocimientos químicos reduciendo las materias cuanto me fuera posible" (*SA*, 5 de septiembre de 1804, núm. 103, t. III, f. 3). En esa entrega inaugural, Vieytes proclama que su objeto es sacar a "la agricultura y las artes de la pereza rutinaria que las tiene envueltas en la ignorancia". Vislumbraba, con optimismo, que estas entregas, "aunque fuesen hechas por axena [sic] mano", serían de utilidad para el jabonero, el curtidor y el tintorero para no andar a tientas en la operaciones industriales. La química, proseguía, es "para el filósofo, el físico, el médico y el labrador como luz que los guía en sus estudios y descubrimientos", y su conocimiento redundaría en "la prosperidad de nuestro valdío [sic], inculto y descuidado territorio". Las expectativas del editor de acercar a los artesanos y a los sabios una versión popular de la química se deben haber visto frustradas, pues, en el momento de cancelar la publicación de las lecciones, después de 14 entregas, afirmaba que "no han sido del agrado general, acaso porque hasta aquí no se ha tratado en ellas de otra cosa que de establecer principios cuya aplicación está solo reservada a la práctica de la agricultura y de las artes" (SA, 5 de diciembre de 1804, núm. 116, t. III, f. 105). Sin embargo, se publicaron ocho notas más, entre el 19 de enero (t. IV, núm. 176) y el 30 de abril (t. IV, núm. 189) de 1806, y una serie de tres que, si bien no fueron anunciadas como pertenecientes al curso, es evidente por su contenido que eran su continuación. Estas últimas salieron entre el 4 de junio (t. IV, núm. 194) y el 1° de octubre (t. IV, núm. 199) de 1806. El curso presenta una razonable síntesis de la química basada en el *Traité* de Lavoisier. En total, fueron publicadas 25 lecciones, aunque algunas de ellas no pasaron de una página.

Había antecedentes de esto en América. En el *Mercurio Peruano* de 1792, Joseph Coquette, primer director del Tribunal de Minería de Lima, publicó los "Principios de Química Física para servir de introducción a la Historia Natural del Perú", el primer texto sobre la química de Lavoisier publicado en Hispanoamérica. La primera traducción al castellano del *Traité* de Lavoisier salió a la luz en México, en 1797, como *Tratado elemental de Chimica*, traducido para uso de los estudiantes del Real Colegio de Minería (Bifano y Whittembury, 2007).

En todo caso, Vieytes no se arredró con el poco éxito de sus lecciones de química y arremetió de nuevo con un "Discurso preliminar a las memorias de mineralogía y razón de formar algunos de la verdadera práctica de este arte y de establecer un laboratorio para las operaciones de metalurgia" (*SA*, 13 de febrero de 1805, núm. 126, t. III, ff. 186-191 y continúa en los próximos cuatro números). El discurso –que cita a menudo al famoso metalurgista de Potosí del siglo XVII, el padre Álvaro Alonso Barba, autor de *El arte de los metales* (1640)– se siguió publicando en los cuatro números siguientes. Su autor, que firmaba con iniciales, era Gabriel Antonio de Hevia y Pando, un asturiano que vivía en Tupiza. Durante el secretariado de Juan José Castelli, el Consulado de Buenos Aires contrató en 1806 a Hevia y Pando porque lo consideraba el autor del "descubrimiento de la sal alcalina mineral" anunciado en el *Semanario* ("Propiedades de la sal alcalina en general y descripción de una sal alcalina fija mineral nueva descubierta en las provincias del Perú" [*SA*, 13 de julio de 1803, t. I, núm. 43, ff. 337-341]). La "sal alcalina" se usaba en la fabricación de vidrio y de jabón, lo cual obviamente entusiasmó a Vieytes. El Consulado pagó a Hevia y Pando la suma de 300 pesos para que se trasladase a Buenos Aires con una colección mineralógica que poseía, para leer una serie de memorias ante dicho cuerpo. A la larga, en 1810 la Junta lo nombró corregidor de Tupiza (Furlong, 1948: 401). Hevia y Pando publicó en el *Semanario* varios artículos sobre metalurgia y otros temas, entre los cuales se pueden mencionar: "Descripción de varios simples que se hallan en nuestras provincias y que pueden dar materia a un cuantioso comercio de exportación" (9 de noviembre de 1803, t. II, núm. 60, ff. 74-78); "Discurso sobre el estado actual de la minería en los reynos del Perú" (*SA*, 7 y 14 de mayo de 1806, t. IV, núm. 190, ff. 289-294, y núm. 191, ff. 297-303); "Disertación physica sobre la causa de los cotos" (es decir, el bocio) (*SA*, 16 y 23 de enero de 1805, t. III, núm. 122, ff. 154-160, y núm. 123, ff. 161-164); "Sobre la posibilidad de domesticar la vicuña, cruzar su casta con la de la llama, la oveja, la alpaca y el guanaco" (serie que se inició el 8 de mayo de 1805, t. III, núm. 138, ff. 282-287, y continuó en los números

139, 141 y 142) o "De los minerales peruanos: de los de oro" (*SA*, 10 de diciembre de 1806, t. v, núm. 209, ff. 94 y 95 y continúa en los números 210, 212 y 213).

Otra serie de artículos publicados en el *Semanario* y relevantes para nuestro argumento fueron las "Lecciones Elementales de Agricultura". Estaban redactadas en forma de preguntas y respuestas, al estilo de un catecismo. Comenzaron a aparecer en julio de 1803 y se extendieron durante seis números, con un total de 18 lecciones. En la entrega inicial, Vieytes afirma que ha "procurado seguir el método del P. Gotte en sus lecciones elementales de agricultura, de quien hemos extraído y extractado muchas lecciones" (*SA*, 20 de julio de 1803, núm. 44, t. v, f. 345). Otras fuentes, según el autor, fueron Joseph Antonio Valcarcel, *Agricultural General y Gobierno de la Casa de Campo* (Valencia, 1765-1798, 10 vols.), el *Curso completo o diccionario universal de agricultura* en versión castellana (Madrid, 1797-1803) del abate François Rozier y alguno de los innumerables libros de Henri-Louis Duhamel du Monceau, además de artículos del *Semanario de Agricultura y Artes dirigido a los Párrocos*, ya citado. En 1812 Vietyes donó los 15 volúmenes del *Diccionario* de Rozier a la Biblioteca Pública (*Gaceta*, 22 de mayo de 1812, núm. 7; vol. III: 198).

El *Semanario* de Vieytes publicó muchísimos artículos sobre manufacturas, pequeñas industrias, métodos artesanales y tratamiento de materiales extractados del *Semanario* de Madrid o de los libros del abate Rozier, o traducidos de periódicos franceses y, ocasionalmente, del inglés. Predominan las cuestiones relacionadas con sustancias y procesos químicos. Se trata de procedimientos de curtiembre, teñido, pinturas, colas, beneficio de cosechas vegetales, preservación de productos, temas agropecuarios y de labranza. Algunos ejemplos son: cómo evitar la rancidez del sebo, el método de hacer la potasa, la extracción del aceite de maní, el modo de fabricar nitro (salitre), la manera de abonar la tierra, la preservación de los granos, la fabricación de quesos, el nuevo método de curtiembre de cueros, la fabricación de cola, la pintura similar al óleo, el mejoramiento de arados, la purificación del aire, la conservación de carne, la fabricación de tinta indeleble y de tinta china con hollín, el cultivo y beneficio del añil, el método de impedir que el vino se avinagre, las diferentes especies de tierra, el modo de conocer la calidad de la harina, la manera de saber si en los pozos hay gas carbónico y muchos otros. Además de los artículos sobre la vacuna ya mencionados, se publicaron también muchos sobre medicina, en general sobre curas, recetas y remedios. Como vimos, Hevia y Pando publicó uno sobre el bocio. Otros temas médicos fueron las recetas para hemorragias, el tratamiento para la tenia, el remedio para hacer volver en sí a las víctimas de un ataque epiléptico, "la imaginación considerada como causa y remedio de las enfermedades del cuerpo", la virtud resolutiva de las higueras chumbas, los remedios contra la gota, el tratamiento de piroterapia para parálisis de manos y pies, el remedio para curar la lepra, el medicamento para la peste, el modo de evitar las mordeduras de víboras, etcétera.

EL *CORREO DE COMERCIO*

El *Correo de Comercio* de Manuel Belgrano fue publicado entre el 3 de marzo de 1810 y el 23 febrero 1811, con un total de 52 números. En el prospecto se leía: "se colocarán las materias con el mejor orden posible en todo ramo de las Ciencias y las Artes conocidas". El *Correo*, que salía los sábados y en el cual colaboraba el incansable Vieytes, también publicó artículos de Haenke. El 10 de marzo de 1810 el periódico de Belgrano reprodujo una noticia publicada en la *Minerva Peruana* sobre el descubrimiento de un yacimiento de salitre en Arequipa (*Correo de Comercio*, núm. 2, pp. 11 y 12).* Lo realmente importante de la noticia era que Haenke había encontrado un método para transformar el nitrato de sosa o "nitro cúbico" (nitrato de sodio)

---

* La referencia completa del *Correo de Comercio* [en adelante, *cc*] puede consultarse en la bibliografía.

en "nitro prismático" (nitrato de potasio), que se usa para fabricar pólvora y para la agricultura –el procedimiento descubierto por Haenke continuó siendo utilizado a escala industrial hasta el siglo XIX (Gicklhorn, 1939)–. Otro artículo de este naturalista publicado en el *Correo de Comercio* fue la "Descripción geográfica, física e histórica de las montañas de los Yuracarées, en el norte de Cochabamba" (*cc*, 19 de mayo de 1810, t. 1, núm. 12, pp. 95 y 96; núm. 13, pp. 97-104, y núm. 14, pp. 105-109). Este texto fue luego editado por Groussac (Haenke, 1900c), quien comenta que "en tanto que el editor del Correo [Belgrano], en casa de Peña amenazaba arrojar al Virrey 'por las ventanas de la Fortaleza abajo', sus tipógrafos, enfrente del propio cuartel de Patricios, componían tranquilamente, con superior permiso, la historia y geografía de los Yuracarées!" (Groussac, 1900a: 42, n.). Las otras páginas de Haenke publicadas en el diario de Belgrano fueron: "El árbol de Molle" (*cc*, 21 de julio de 1810, t. 1, núm. 21, pp. 161-166) y "Arbusto nuevo penetrado de alcanfor" (sobre el chichimayo) (*cc*, 28 de julio de 1810, t. 1, núm. 22, pp. 170-174). En este segundo artículo el botánico menciona los análisis sobre el alcanfor de Murcia efectuados por Louis Proust y publicados en *Annales de chimie* cuando este último estuvo en el Laboratorio Real de Madrid, entre 1799 y 1806.

Analogamente al *Telégrafo*, el *Correo* publicó una serie de artículos con descripciones de las provincias del Virreinato. El primero corresponde al número 11 del 12 de mayo de 1810 y trata sobre la provincia de Salta. Lo siguieron otros sobre los productos y el comercio de la villa de Oruro, los productos de la ciudad de Jujuy y la descripción del territorio de Corrientes. En el número 46 del 12 de enero de 1811 se comenzó a publicar una descripción de la América meridional dado que, según se informa en nota editorial, en "un tratado moderno de geografía inglés [se lee] esta proposición: 'Nuestra Señora de Buenos Ayres, capital del Paraguay'" (*cc*, 12 de enero de 1811, núm. 46, p. 358). La geografía continuó hasta el número 52 y fue retomada en el tomo II hasta el último número, del 6 de abril de 1811.

El *Correo de Comercio* de Belgrano publicó notas sobre procedimientos artesanales y remedios populares de similar tenor al de las que aparecían en el *Semanario* de Vieytes, como el modo de conseguir buena fruta, temprana, y de tener algunos árboles, la mejor manera de preparar el extracto gomoso de opio (extraído de los *Annales de chimie*), el remedio para la gota, para la hidropesía, etcétera.

En el terreno médico, el *Correo* fue protagonista de un episodio que quizás merezca un examen más detenido. En el número del 31 de marzo de 1810 (*cc*, núm. 5, pp. 34-37 y núm. 6, pp. 41-45) se publicó un artículo sin firma titulado "Sobre los males que causa la imaginación", en el cual se exponía la hipótesis del médico del siglo XVIII Edouard François Marie Bosquillon –conocido por sus opiniones extravagantes– según la cual la hidrofobia sería causada "por la imaginación". Como respuesta, en un número extraordinario intercalado entre los números 12 y 13, apareció una "carta a los editores" del médico Justo García y Valdéz (o Valdés). En ella García y Valdéz explica que el artículo de marras había sido motivado por una ola de rabia que dejó tres muertos en cuarenta días y a raíz de la cual el gobierno ordenó una matanza general de perros en Buenos Aires. El autor, indignado, argumenta contra las nociones difundidas por el diario (que la rabia era producida por la imaginación), pues considera que no tienen ningún sustento y atentan contra el debido tratamiento de los pacientes y contra las medidas preventivas de la difusión de la enfermedad. A la idea de Bosquillon, García y Valdéz opone la autoridad de Andry Le Roux, quien en 1788 había ganado el premio de la Real Sociedad de Medicina de París con un trabajo que sostenía que la rabia se contagia a través de la mordedura de un perro rabioso. El médico rioplatense, a quien volveremos a encontrar, presenta a continuación ocho historias clínicas con casos de hidrofobia, de los cuales cuatro murieron y cuatro se salvaron por haber acudido a tiempo al hospital y haberse sometido al tratamiento habitual de escarificaciones y cáustico, además de dieta. La exhortación final de García y Valdéz sugiere que habría habido resistencia a matar a los perros (tal como había resistencia a la variolización y a la vacunación): "¿Qué importa que el perro sea el amigo fiel del hombre, si repentinamente se transforma en el más formidable enemigo?" (*cc*, suplemento con paginación independiente publicado entre los núms. 12 y 13, del 19 y 26 de mayo).

CONCLUSIONES

Una simple ojeada a los periódicos del Río de la Plata publicados en la década que precedió a Mayo nos muestra hasta qué punto el público estaba interesado en los descubrimientos científicos que pudieran resultar en nuevos procedimientos redituables o saludables, sobre todo en el campo de la agricultura, de la medicina y de la industria. Muchos de los artículos eran extraídos de periódicos similares de España y Hispanoamérica, pero otros eran contribuciones de los científicos más distinguidos del Virreinato, como Cerviño o Haenke, y de personajes que, como Hevia y Pando, aparecían ante sus contemporáneos como "descubridores" o sabios. De hecho, gran parte de la obra que Haenke publicó en castellano apareció en los periódicos de Buenos Aires. Lo mismo puede decirse de la más restringida producción escrita de Cerviño.

A nuestro lector contemporáneo le llama la atención que el discurso de la ciencia fuese "abierto", pues los ciudadanos participaban y contribuían con sus opiniones. Cuestiones que hoy están en gran medida restringidas al campo de los especialistas, como la causa de una epidemia o la validez de un tratamiento, eran discutidas por la población en general. Esta situación no es particular ni del Río de la Plata ni del mundo de habla hispana, sino característica de una época en la que los criterios de profesionalización eran muy diferentes de los nuestros. Hemos visto como en estos diarios se discutieron causas y tratamientos de epidemias como la viruela, la rabia y "el mal de los siete días". En particular, la población de Buenos Aires estuvo muy al día respecto de los avatares de los métodos de variolización y vacunación. Pero la discusión pública de la ciencia coincidió con la creciente importancia y difusión de un vocabulario científico *especializado* a partir de 1801, que enriqueció el léxico del español bonaerense (Vallejos de Llobet, 1993).

Tal como sucedía en Lima y en otras ciudades de Hispanoamérica, en Buenos Aires se publicaron en un periódico obras científicas, como la "nueva química" de Lavoisier. La fría recepción que tuvo esta serie de artículos por parte del público muestra también cuáles fueron los límites del interés popular por la ciencia. Parecería que los temas de descripción geográfica y de historia natural resultaban más atractivos. Como era de esperar, estuvieron ausentes de los periódicos virreinales las notas sobre ciencias exactas. Es posible ver que el registro temático de los artículos de ciencia y artes coincide aproximadamente con el de los libros donados a la Biblioteca Pública, aunque en el caso de los periódicos hay muchas notas sobre química y mineralogía, temas poco reflejados en esos textos. Cabello y Mesa era un editor emprendedor y que captaba las necesidades del público; Vieytes, un entusiasta de las novedades científico-técnicas y de los métodos para mejorar la agricultura y las artes; Belgrano, un pensador original en el campo de la economía política, empeñado en popularizar nuevas ideas en ese terreno. Al hacer circular entre la población debates, novedades y lecciones formales de la ciencia y de las técnicas, entre los tres contribuyeron a fomentar la cultura científica entre los sectores letrados de Buenos Aires, la cual tenía una orientación práctica y se concentraba en temas de geografía, de historia natural (botánica aplicada y mineralogía), de medicina y de química.

V. LOS NATURALISTAS

DÁMASO LARRAÑAGA Y EL CÍRCULO DE
CLÉRIGOS NATURALISTAS DEL RÍO DE LA PLATA

Ya hemos visto en un capítulo anterior la importancia de las colecciones privadas y de los gabinetes de historia natural en el Río de la Plata. En este capítulo enfocaremos nuestra mirada sobre la acción científica de aquellos que armaron dichas colecciones y sobre los naturalistas extranjeros de reputación internacional que vivieron y trabajaron por largos períodos en el Virreinato.

En los años que precedieron y siguieron a la Revolución de Mayo se configuró, en ambas márgenes del Río de la Plata, un pequeño círculo de sacerdotes interesados por la historia natural. En el centro estaba Dámaso Larrañaga. Nacido en Montevideo, este descendiente de vascos estudió filosofía en el Real Colegio de San Carlos (1789-1792) y también completó allí su teología (terminó en 1795). Se ordenó en Río de Janeiro, el 16 de diciembre de 1798 (Favaro, 1950: 10-25). Larrañaga participó como patriota en los hechos de la Revolución. En 1813 volvió a Buenos Aires como representante de los orientales ante la Asamblea y permaneció como subdirector de la Biblioteca Pública hasta 1815. Es probable que entonces haya trabado amistad con Segurola. Como vimos, éste último había sido nombrado director de la Biblioteca a poco de los sucesos de Mayo, pero renunció a fines de 1810. Cuando en julio de 1813 Chorroarín quedó como director, el puesto de subdirector que ocupaba pasó a Larrañaga. Éste lo conservó hasta comienzos de abril de 1815, cuando regresó a su ciudad natal (Favaro, 1950: 44-46). Debe haber sido esta experiencia la que movió a Larrañaga a organizar la Biblioteca Pública de Montevideo, inaugurada el 16 de mayo de 1816, con él como su primer director (Favaro, 1950: 65-69). Esta biblioteca se creó sobre la base de los libros de José Manuel Pérez Castellano, un sacerdote de la Banda Oriental graduado en la Universidad de Córdoba. En su obra *Observaciones sobre agricultura*, que escribió en 1813 pero fue publicada recién en 1848, Castellano resumió cuarenta años de observaciones sobre las tareas del campo en su chacra de Miguelete (Furlong, 1948: 393 y 394). Hay un curioso paralelo entre la acción de Larrañaga y la de Segurola: ambos participaron en la creación de la Biblioteca Pública, desarrollaron una intensa actividad de beneficencia, tenían colecciones de historia natural y trabajaron por la difusión de la vacuna. En efecto, el 1° de marzo de 1819 Larrañaga escribió a Segurola solicitándole que le enviara el "virus de vacuna" (García de Loydi, 1975: 24).

Larrañaga fue el naturalista criollo más distinguido de toda una época, en particular en el campo de la botánica, como lo demuestra su obra "Géneros indígenas", un tratado que permaneció inédito hasta el siglo xx y que comprende 200 géneros vegetales ordenados por clases (Larrañaga, 1922-1930, vol. II: 5-253). El volumen IV de los *Escritos* del patriota uruguayo incluye un atlas botánico de 129 plantas dibujadas por él. Quince llevan la leyenda "Gen. nov." o "Sp. n.", es decir, género nuevo o especie nueva (Herter, 1925-1926). También dejó su clasificación de "Animales por género", en latín, inédita hasta el siglo xx (Larrañaga, 1922-1930, vol. II: 342-451), y su atlas, que ocupa el volumen V de los *Escritos*. Hubo cierta controversia respecto a la autoría de las imágenes de animales, pues se ha sugerido que algunos de los dibujos no serían de él, dado que el atlas incluye al menos uno que le había enviado Bartolomé Muñoz (véanse Furlong, 1948: 384 y la argumentación que defiende la autoría de Larrañaga en Castellanos, 1951: 23 y 24).

A tono con la ciencia de su época, la preocupación principal de Larrañaga fue taxonómica. En una carta de 1837 relata cómo, ante "un país virgen y feracísimo", se vio en la necesidad "de poner, como Adán, nombre a casi todas las producciones que se me presentaban, para darme a entender a los sabios" (citada en Castellanos, 1951: 44). Sin ir más lejos, Larrañaga fue el introductor de Linneo en el Río de la Plata (Asúa, 2008b). En una carta a Bonpland del 26 de febrero de 1818 Larrañaga afirmaba que tuvo "el atrevimiento de emprender el vasto proyecto de describir científicamente los tres reinos de la Naturaleza de este País, siguiendo el Sistema [sic] Naturae de Linneo, edición Gmelin" (Larrañaga, 1922-1930, vol. III: 260). Repite estos conceptos en otra carta al mismo corresponsal del 25 de mayo de 1818: "Linneo ha sido mi único maestro y ciego admirador de sus principios los he seguido en todo". Y a continuación se refiere a la "edición 13° del *Systema Naturae* de la resplandeciente Estrella Polar del Norte" (Larrañaga, 1922-1930, vol. III: 267-269). El título que Linneo recibió en 1738, *Eques Auratus Stelae Polaris* [Caballero dorado de la estrella polar], y que aparece a continuación de su nombre en la portada del *Systema Naturae* a partir de la décima edición, fue un símbolo que Larrañaga no dejó de poner de relieve. La famosa edición decimotercera del *Systema Naturae* corregida por Johann Gmelin, fue publicada en Leipzig entre 1788 y 1793, en nueve volúmenes. Un ejemplar completo de esta edición se conserva en la Biblioteca Nacional de Montevideo y con gran probabilidad es el que perteneció a Larrañaga. Los volúmenes 1, 6 y 7 están firmados por Segurola y el volumen 1 tiene una inscripción manuscrita: "Lo vendió al Canónigo Dn. Bartolomé de Muñoz". Es probable que Muñoz haya llevado consigo la obra a Montevideo y de ahí haya pasado a Larrañaga por préstamo, cesión o venta. La migrante historia de este ejemplar de una de las obras paradigmáticas de la historia natural del siglo XVIII es un adecuado símbolo de los estrechos lazos que existían entre estos tres sacerdotes interesados en la disciplina.

La carta del 6 de julio de 1808 de Larrañaga a Muñoz es extensa (Falcao Espalter, 1921: 313-325). Muñoz le había enviado dos especímenes botánicos y Larrañaga los identificó, a la vez que demostró su familiaridad con un trabajo de Cavanilles, el botánico y sacerdote español que en 1801 sucedió a Gómez Ortega como director del Real Jardín Botánico de Madrid y que murió en 1804. En dicha carta, Larrañaga insta a Muñoz para que se dedique con más seriedad a la botánica y cita a Buffon, cuando éste afirmaba que "para las ciencias naturales sólo se requiere una paciencia más que heroica". Larrañaga también subraya el carácter colaborativo de la empresa que vislumbraba: "Yo, solo, poco puedo hacer, porque es adagio común entre los botánicos que *unus homo, nullus homo*". En realidad, la carta es una maravillosa síntesis del método de identificación práctica de las 15 clases de Linneo –un curso de botánica acelerado por correspondencia–. La intención, aunque no el tono, es afín a la de las *Lettres élémentaires sur la botanique à Mme. Delessert*, de Rousseau, escritas en el curso de 1772 –de hecho, Larrañaga había tomado notas de la "Botánica de Rousseau" (Larrañaga, 1922-1930, vol. II: 284 y 285)–. Siempre interesado por el intercambio de especímenes, Larrañaga acompaña la carta con ciertas poesías para que Muñoz las remita al "Deán de Córdoba [es decir, el deán Funes], porque por el conducto de este sabio podremos conseguir algunas producciones de aquella provincia". La red de intercambios de muestras y noticias sobre historia natural abarcaba a parte del clero más conspicuo y educado del Virreinato.

Sin embargo, la adhesión de Larrañaga a Linneo no fue tan definitiva. En una carta del 16 de febrero de 1821 a Auguste de Saint-Hilaire, el botánico francés que visitó el Brasil y la Banda Oriental, Larrañaga decía que en tiempos de la expedición Malaspina había conocido a Louis Née y a los otros "ciegos sectarios de Linneo", quienes habían hecho poco caso del método natural (Larrañaga, 1922-1930, vol. III: 280-282). (El método de clasificación natural, difundido por Antoine Laurent de Jussieu y utilizado en Francia, consistía en considerar caracteres de varios órganos vegetales para la clasificación, no sólo los de fructificación, como era el caso en el método de Linneo.) Larrañaga había efectuado un resumen del sistema de Jussieu por clases y órdenes, y también del "Sistema de Lamarck, 1786", que incluyó en su *Diario* (Larrañaga, 1922-1930, vol. ɪɪ: 261-263, y vol. ɪ: 67 y 68). El *Diario* de historia natural, llevado consecutivamente durante varios años, lo convierte en un Gilbert White del Río de la Plata (Larrañaga, 1922-1930, vol. ɪ: 1-122). La parte del *Diario* editada en el volumen I de los *Escritos* corresponde a la estadía de Larrañaga en Buenos Aires entre 1813 y 1815. Resulta importante destacar que dicha parte se empezó a producir el 29 de mayo de 1813 en la chacra de Segurola. En la primera entrada Larrañaga describió la "Banilla", que "se cría en la Chacra del Dr. Segurola: sobre el Río de la Plata en unos prados inmensos y anegadizos que hay entre las barrancas y el mismo río. La planta es herbácea". Luego describe a la sagitaria camalote (*Sagittaria multinervia* Larrañaga –Alismataceae–) y a la *Sagittaria oblonga* Larrañaga–Alismataceae–, para concluir con un nuevo género de cucurbitácea (Larrañaga, 1922-1930, vol. ɪ: 1 y 2). Después de las entradas correspondientes a Buenos Aires (la anteúltima es del 14 de agosto de 1815, y la última, del 29 de diciembre de 1815), aparece una serie de extractos de clasificaciones tomados de publicaciones europeas, como por ejemplo un resumen de una memoria de la *Linnean Society* de 1809 sobre conchas del Río de la Plata (vol. ɪ: 40-43) –importante en relación con la "Memoria geológica" que luego discutiremos–, un extracto de los caracteres de las aves según Bernard Lacépède (vol. ɪ: 49-57), el plan de un "Tratado elemental de historia natural de América" que el naturalista de Montevideo pensaba escribir (vol. ɪ: 69-71) y el ya mencionado extracto del sistema de Lamarck.

En los escritos de Larrañaga quedaron testimonios de sus esfuerzos por conocer y usar clasificaciones alternativas a las de Linneo para los animales, como el ordenamiento de Cuvier, que incorporaba los avances de la anatomía comparada. En sus notas sobre "Anatomía comparativa", por ejemplo, usa los sistemas de Cuvier y Johann Blumenbach, y señala que "los términos usados en el día difieren algo de los de Linneo" (Larrañaga, 1922-1930,

vol. II: 297-340). También confeccionó tablas con la "clasificación de los mamilares del Río de la Plata, particularmente de
su Banda Oriental, según el sistema de Cuvier" y otra "Clasificación de los mamilares de este país según el sistema de Cuvier"
(Larrañaga, 1922-1930, vol. II: 340). Larrañaga poseía la *Histoire naturelle* de Buffon, que había adquirido en Río de Janerio
cuando fue a ordenarse, junto con alguna(s) obra(s) de Cuvier
(Castellanos, 1948: 606 y 607). En su famosa "Oración inagural
de la Biblioteca" [de Montevideo] de 1816, Larrañaga estableció
su postura respecto de Linneo y Buffon: "Linneo, el hijo más
querido [de la naturaleza], el hijo más fiel, a quien ha revelado
todos sus arcanos; Buffon, el Plinio francés, su elocuente pane-
girista" (Larrañaga, 1922-1930, vol. III: 143).

Como vimos, Larrañaga estuvo en contacto con el ya tantas veces mencionado padre Bartolomé Muñoz al menos desde
1808. Cuando sobrevino la revolución y el primer sitio de Montevideo, aparentemente Larrañaga estuvo entre los expulsados
de la ciudad. Se lo encuentra luego en la chacra del padre Castellano en Miguelete y por esa época se habría reencontrado
con Muñoz, entonces capellán del Ejército de la Banda Oriental (Favaro, 1950: 37 y 38). Muñoz estuvo en dicho ejército entre marzo de 1811 (cuando fue expulsado de Montevideo) y el
9 de abril de 1814 (Beck, 1931: 58 y 59). La correspondencia
de Larrañaga con Muñoz, que ya hemos citado y comentado,
demuestra con claridad los intentos de constituir una red de
intercambio de materiales y de libros sobre estudios de ciencias naturales. En una carta del 22 de junio de 1808, desde
Montevideo a Buenos Aires, Larrañaga le pide información a
su amigo sobre el género *Dasypus* y en particular sobre el peludo, del cual Muñoz le habría enviado un dibujo. La intención
de Larrañaga era "reducir a sistema todas las especies de esa
familia" (Falcao Espalter, 1921: 300). En ese texto Azara es citado (y criticado) en relación con "el Poyú", descripto en los
*Apuntamientos para la historia natural de los quadrúpedos del
Paraguay y Río de la Plata* (Azara, 1802, vol. II: 118-132). Larra-

ñaga bromea con la posible descripción de una nueva especie a la que titula *"Dasypus Mugnozius"*, pues sospecha que el peludo dibujado por Muñoz era distinto del descripto por Azara. Además, le solicita a su amigo de Buenos Aires que le envíe una vizcacha. En estas cartas entre naturalistas y coleccionistas que intercambiaban especímenes e información no debe pasar desapercibida una frase de Larrañaga que sitúa su interés en un contexto más amplio: "Aun habrá alguno que se escandalice al vernos perder el tiempo en el estudio de las Obras de Dios, y no se escandalizará al ver los otros muy entretenidos en estudiar las historias de los hechos y vicios de los hombres" (Falcao Espalter, 1921: 302). Larrañaga también dice que en su diario "constarán sus cartas como lo hacía Buffon con sus corresponsales". La idea, natural para un sacerdote, de que el estudio de la naturaleza es en realidad el estudio de las criaturas de Dios, convivía en Larrañaga sin inconvenientes con su admiración por ese modelo de la historia natural ilustrada que fue Buffon.

En la sección dedicada a los gabinetes, ya vimos que Muñoz, Segurola, Larrañaga y un personaje más distante (en el sentido geográfico y social) como el arzobispo Moxó y Francolí atesoraban colecciones de historia natural. Algunos de estos gabinetes eran más bien eclécticos, como los de Segurola y Moxó. El de Muñoz era representativo de las colecciones de aficionados serios. El de Larrañaga, que encontró su camino hacia el museo de Montevideo, era sin duda el más valioso desde el punto de vista científico. Larrañaga mantuvo correspondencia no sólo con Muñoz, sino con los naturalistas franceses que llegaban al Río de la Plata, como Aimé Bonpland, Auguste de Saint-Hilaire y Louis de Freycinet. Nuestra intención en esta sección fue llamar la atención sobre las interacciones y los intercambios de un pequeño número de sacerdotes dedicados a la historia natural o con interés colateral en ella (como fue el caso de Segurola). En esa pequeña comunidad, Larrañaga desempeñó, sin dudas, el papel de *primus inter pares*.

LA PALEONTOLOGÍA DE LOS CLÉRIGOS

Las primeras noticias y excavaciones paleontológicas en el Río de la Plata estuvieron a cargo de clérigos. El jesuita inglés Thomas Falkner fue el primero en describir los restos de la caparazón de un gliptodonte en las barrancas del Paraná y las vértebras y los dientes de algo que consideró un "monstrous alligator [cocodrilo monstruoso]". En *A Description of Patagonia* (1774) afirmaba que "esas cosas son bien conocidas a los que viven en este país, de otra manera no me hubiera atrevido a escribir acerca de ellas" (Falkner, 1935: 55). En su *Voyage dans l'Amérique méridionale*, Alcide d'Orbigny menciona que Falkner fue "le premier y a fait la découverte du tatou gigantesque [Falkner fue el primero en descubrir el tatú gigante]". El naturalista francés continúa su relato con la mención del famoso megaterio excavado por el dominico Diego de Torres en Luján, en 1787 (d'Orbigny, 1842: 41 y 42). La historia ha sido contada varias veces (Trelles, 1882; Furlong, 1948: 338-350; Podgorny, 2000; Ramírez Rozzi y Podgorny, 2001). Además, el hallazgo de Torres estuvo precedido por otros, como los descubrimientos de huesos de "gigantes" en Tarija y cerca del Carcarañá relatados por el jesuita José Guevara en su *Historia del Paraguay, Río de la Plata y Tucumán* (Guevara, 1908: 18, 19 y 157). A comienzos de 1766, el capitán de fragata Esteban Álvarez de Fierro también encontró huesos fósiles cerca del río Arrecifes, en la provincia de Buenos Aires (Furlong, 1948: 336-338). El hallazgo de Torres fue enviado al Gabinete de Historia Natural de Madrid por el virrey marqués de Loreto. Antes de ser embalado, el esqueleto fue dibujado por Custodio de Saá y Faría, gobernador de Río Grande, que pasó al servicio de España después del ataque de Pedro de Cevallos a Santa Catalina y participó de cuanta obra de ingeniería civil o militar ocurriese en el Río de la Plata, como los planos de la catedral de Montevideo y la obra de la de Buenos Aires (Furlong, 1945: 164 y 165; una reproducción del dibujo puede verse en Furlong, 1948: 841 y 842). El dibujo de Saá y

Faría fue copiado por Bartolomé Muñoz, quien envió su dibujo a Larrañaga (véase la imagen en Ramírez Rozzi y Podgorny, 2001). El español Juan Bautista Bru también efectuó un grabado del animal tal cual se exhibía en el Real Gabinete de Madrid, que fue reproducido en el opúsculo de José Garriga, *Descripción de un cuadrúpedo muy corpulento y raro*, publicado en Madrid, en 1796 (López Piñero, 1988). Cuvier fue quien le dio al animal prehistórico el nombre de *megatherium*.

Como vimos cuando tratamos sobre el museo y los gabinetes, Larrañaga encontró cerca de Montevideo huesos fósiles que consideró que pertenecían a una especie a la cual denominó *Dasypus megatherium* (grafía estandarizada). La confusión de un armadillo gigante (que luego se reconocería como el gliptodonte) con el megaterio no era inhabitual en la época. El género megaterio fue descripto por Cuvier en 1796 sobre la base del ejemplar en Madrid enviado desde Buenos Aires y, con más precisión, en su artículo "Sur le meghaterium" publicado en 1804, en los *Annales du Muséum d'Histoire Naturelle* (López Piñero, 1988). En 1838, año en que Berro y Vilardebó encontraron restos de un gliptodonte en la Banda Oriental, Richard Owen denominó *Glyptodon claviceps* a los huesos hallados en la provincia de Buenos Aires que habían sido remitidos a Londres por el cónsul inglés Woodbine Parish (Parish, 1852: 216-218; cf. Onna, 2000: 65). Larrañaga envió al botánico Auguste de Saint-Hilaire, quien estuvo en la Banda Oriental entre setiembre de 1820 y febrero de 1821, una nota en la que menciona sus hallazgos paleontológicos. La carta de Larrañaga fue publicada en el *Bulletin des Sciences par la Société Philomatique* de 1823 (Larrañaga, 1823). En ella Larrañaga habla de su "*Dasypus (Megaterium* de Cuvier)" –en realidad, un gliptodonte–, sobre el que habría estado escribiendo una memoria. Sigue diciendo que enviaría a Saint-Hilaire una de las placas ("écussons") del animal. Esta carta fue reproducida por Cuvier en el capítulo dedicado al megaterio de la segunda edición (1823) de sus *Recherches sur les ossements fossiles*. La cuarta edición de la obra todavía reproducía la carta, precedida de una nota aclaratoria de Cuvier en la que dice que "un savant Brésilien annoce que le mégatherium aurait poussait son analogie avec les tatous jusqu'à être revêtu de cuirasses ecailleuses [un científico brasileño[1] anuncia que el megaterio habría extremado su analogía con los tatús al punto de estar revestido de una coraza escamosa]" (Cuvier, 1836, vol. VIII: 367). Como vimos, esos restos de gliptodonte fueron donados por Larrañaga al museo de Montevideo.

Hacia 1819, Larrañaga escribió una "Memoria geológica sobre la formación del Río de la Plata deducida de sus conchas fósiles". En ella describe tres formaciones geológicas con conchillas fósiles marinas en el Río de la Plata. A partir de estos hallazgos, Larrañaga formuló una hipótesis sobre la formación de este río: depósitos aluviales provenientes del Paraná habrían ido rellenado de a poco lo que antes era un golfo marino, transformándolo de esta manera en un río. Una inundación repentina del Uruguay y del Paraná habría tenido como consecuencia que perecieran los testáceos cuyos fósiles el naturalista uruguayo encontró en las formaciones de la ribera de la Banda Oriental. Larrañaga adoptó como marco conceptual de interpretación la "geología bíblica", que presuponía una edad de la Tierra de unos miles de años y el Diluvio como único fenómeno cataclísmico. Explica los hallazgos de fósiles marinos en las montañas de Alexander von Humboldt y Antonio de Ulloa en términos del diluvio universal: "Que el mar ha cubierto toda la superficie de la tierra y a un mismo tiempo, según lo dice Moisés, ya no puede negarse" (Larrañaga, 1924a). Pero Larrañaga no participaba del catastrofismo de Cuvier, quien sostenía que la historia de la Tierra debía entenderse como una sucesión de cataclismos. El sacerdote oriental no cree "necesarias tan repetidas revoluciones y grandes catástrofes del globo [...] como quieren Cuvier y Brogniart" para explicar las formaciones geológicas que él des-

---

[1] En ese momento la Banda Oriental era la Provincia Cisplatina del Imperio de Brasil.

cubrió (en realidad, Cuvier no postulaba catástrofes generaliza-
das, sino locales). Dado que éstas son "parciales", dice, "no debemos recurrir a causas generales para explicarlas". Larrañaga se
pregunta si hubiera sido posible invocar como causa de dichos
cataclismos locales la acción de un fluido (el calórico, la luz, el
galvanismo, las atracciones o las gravitaciones) que en tiempos
antediluvianos hubiera tenido más fuerza que en ese momento.
Rechaza esta hipótesis, pero no sin antes argumentar a favor de
su verosimilitud, sobre la base de que Moisés nos dice que "el
hombre entonces era más enérgico". Y agrega enseguida: "Ten-
gamos más consideración con los libros sagrados, medítense
con reposo, y se encontrará mucha luz para explicar los fenómenos que parecen incomprensibles". Más adelante desestima de
nuevo la teoría catastrofista de Cuvier, que quiere "dar a la tierra
una antigüedad que no han encontrado los grandes maestros de
esta ciencia". En la época en que Larrañaga escribía estas páginas, los clérigos geólogos y profesores de Oxford y Cambridge
como William Buckland y Adam Sedgwick sostenían la histori-
cidad del Diluvio sobre bases empíricas (Rupke, 2002).

En síntesis, Larrañaga adoptó una geología bíblica consistente con la lectura literal del Génesis. En la primera página de
un fragmento inconcluso sobre geología, advierte que la creación
del mundo ocurrió "cerca del año 4000 antes de J. C." (Larrañaga, 1924b). Luego pasa a criticar la teoría de Buffon sobre la
formación de la Tierra, para lo cual recurre a los argumentos de
Peter Simon Pallas, un zoólogo y geólogo alemán. En la siguiente sección, que forma el núcleo de este breve texto de geología,
Larrañaga parafrasea un artículo publicado por Richard Kirwan
en las *Transactions of the Royal Irish Academy* de 1797, quien "recurre a la historia del diluvio, dada por el mismo Moysés, tomada en su literal pleno sentido, como el único que corresponde
perfectamente a los fenómenos hasta ahora conocidos". Richard
Kirwan fue un químico, meteorólogo y geólogo irlandés, inspector de minas de Irlanda, presidente de la Royal Irish Academy y
conocido por haber sido uno de los últimos defensores de la teo-

ría del flogisto. En cuanto a geología, fue uno de los principales neptunistas, es decir que sostenía que la historia de la Tierra debía explicarse por acción de las aguas. Pero Kirwan leía el Génesis como un libro de geología, una interpretación que a comienzos del siglo XIX ya no encontraba demasiado crédito entre los especialistas. Larrañaga concluye su larga paráfrasis del artículo de Kirwan subrayando que "cualquiera que pueda ser la causa instrumental física del Diluvio, y cualquiera que pueda ser el modo de esta operación, es necesario en esta ocasión recurrir a la interposición divina y a su energía", por lo cual "no es posible aceptar la opinión de Buffon que pretende por medios naturales explicar el Diluvio universal y sus causas físicas" (Larrañaga, 1924b: 36). Larrañaga leía en inglés y trataba de mantenerse actualizado con la literatura de historia natural escrita en ese idioma, lo cual no es extraño pues era de Montevideo. Como ya señalamos, algunas de sus opiniones estaban en armonía con lo que buena parte de la ciencia oficial de Inglaterra aceptaba en esa época.

Ya mencionamos que durante varios años el padre Muñoz publicó el "Almanaque de Buenos Aires". Estos almanaques eran cuadernitos en doceavo, de pocas páginas y edición barata, que contenían básicamente un calendario religioso y civil, junto con datos astronómicos como las fases de la Luna y las predicciones de los eclipses. En el *Almanak* de 1822, encontramos una breve lista titulada "Épocas célebres" en la que se lee:

> Este presente año es de la creación del mundo, 7021; del diluvio universal, 4779; de la Encarnación de N. S. J. C., 1822; del descubrimiento del Río de la Plata, 324; de la toma de esta ciudad por los ingleses y su reconquista, 17; de su gloriosa defensa y restauración de Montevideo ocupado por los mismos, 16; de la regeneración política de estas Provincias en el establecimiento de su gobierno, 13; de la declaración de nuestra INDEPENDENCIA, 7 ([Muñoz], 1822).

Es fácil advertir que Muñoz usaba una edad de la Tierra de 5.199 años antes de nuestra era. Ésta era la fecha común entre los católicos, porque era la utilizada por el historiador de la Iglesia Eusebio de Cesarea. En el mundo de habla inglesa se usaba la del arzobispo James Ussher, quien propuso que el día de la creación fue el domingo 23 de octubre del 4004 del calendario juliano (recordemos que esta fecha es la que usó Larrañaga en su texto geológico). Lo significativo es que en el *Almanak* de Muñoz la historia de la Tierra y de la humanidad, medida por la cronología bíblica, remata en la declaración de nuestra Independencia en Tucumán.

Los naturalistas viajeros: Azara, Haenke, Bonpland

Desde la época virreinal hasta bien entrado el período independiente, vivieron en el Río de la Plata, casi sucesivamente, tres notables naturalistas: Azara, Haenke y Bonpland. Fueron naturalistas viajeros; los dos últimos se quedaron a vivir y murieron en América. Azara era español; Haenke, bohemio (o sea, súbdito del Imperio austro-húngaro); y Bonpland, francés. El objetivo de este apartado no es por cierto recapitular la extensa tarea de estos tres hombres de ciencia, sino argumentar que su presencia fue significativa como un polo de referencia en el campo intelectual de fuerzas del Virreinato primero y de las Provincias Unidas después. Además, voy a sugerir que esta sucesión de naturalistas representó una transición desde la historia natural ilustrada hasta la historia natural romántica.

Félix de Azara, un ingeniero naval formado en parte en la Academia de Matemáticas de Barcelona, llegó al Río de la Plata en 1781 y partió en 1801, luego de dos décadas de actividad. Ya vimos que arribó como miembro de las comisiones demarcadoras del Tratado de 1777. En esos años su labor fue notable, tanto por su cantidad como por su calidad (un panorama general puede verse en Capel, 2005; los aspectos de historia natural véanse en Beddall, 1975 y Glick y Quinlan, 1975; para la cartografía, véase Martínez Martín, 1997). Azara permaneció en

Buenos Aires desde su llegada hasta 1783, cuando viajó a Río Grande, Brasil, para conferenciar sobre cuestiones de límites. En febrero de 1784 llegó al Paraguay, donde permaneció hasta 1796 debido a las dilaciones de los portugueses, que no tenían mayor interés en trazar la línea de fronteras. Fue durante esos años de permanencia obligada en el Paraguay cuando Azara comenzó los estudios sobre aves y cuadrúpedos que le darían fama en Europa. Cuando regresó a Buenos Aires, el virrey le encargó la inspección de la frontera sur y luego la exploración del Paraná. Ésta debió ser interrumpida pues, debido a la inminencia de la guerra, fue puesto a cargo de la frontera este con el Brasil. En 1800 volvió a Río Grande del Sur para establecer allí a un grupo de colonos españoles (Beddall, 1975: 20). Al año siguiente, como dijimos, regresó a España. Recordemos que Azara desempeñó un papel en el establecimiento de la Escuela de Náutica del Consulado, ya que a esa altura su autoridad era reconocida en el Río de la Plata.

Ya hemos visto en la sección sobre el *Telégrafo Mercantil* que la gran cantidad de datos recogidos por Azara fueron transformados en sucesivos escritos. Los que vieron la luz en vida y tratan sobre historia natural fueron varios (Azara murió en 1821). En primer lugar, los *Essais sur l'histoire naturelle des quadrupèdes de la province du Paraguay* (París, 1801, 2 vols.), traducido al francés por el abogado e historiador M.-L.-E. Moreau de Saint-Méry, amigo del hermano del autor, el diplomático Nicolás de Azara. Es muy revelador que en el título completo de esta obra se lee la frase "formant suite nécessaire aux oeuvres de Buffon [constituyendo la necesaria continuación de las obras de Buffon]". Azara, por cierto, se lanzó a "aumentar y corregir" a Buffon, cuestión sobre la que hablaremos enseguida. Los *Essais* fueron traducidos al español en una versión mejorada con los resultados del trabajo de varios años (la primera versión había sido publicada sin conocimiento ni consentimiento de Azara). La edición en español, *Apuntamientos para la historia natural de los quadrúpedos del Paraguay y Río de la Plata*, en dos volúmenes, salió a la luz en Madrid en 1802. Entre 1802 y 1803, Azara estuvo en París con su hermano José Nicolás y allí conoció a Cuvier (quien, excepción entre los naturalistas franceses, tenía buena opinión de los *Essais*) y a Geoffroy de Saint-Hilaire (no confundir con Auguste de Saint-Hilaire, el botánico que viajó al Brasil). Los tres volúmenes de los *Apuntamientos para la historia natural de los páxaros del Paraguay y Río de la Plata* fueron publicados en Madrid entre 1802 y 1805. Una traducción al francés de esta obra por Sonnini de Manoncourt ocupa los dos últimos dos volúmenes de los cuatro que constituyen los *Voyages dans l'Amérique Méridionale* (París, 1809).

Si repasamos brevemente la publicación de estas obras, es porque su génesis explica algo sobre las condiciones de la práctica de la historia natural en el Río de la Plata durante los años que precedieron a la Revolución de Mayo. Azara fue un autodidacta. Conoció las obras de Buffon recién cuando regresó a Buenos Aires desde el Paraguay y su obra estaba ya concluida. Las versiones que dio el mismo Azara varían ligeramente, pero la esencia es la siguiente: Cerviño le habría dado una parte de la *Histoire naturelle* en francés, y el capitán de fragata Martín Boneo (miembro de las comisiones demarcadoras), otra parte de la obra en la traducción al castellano de Clavijo y Fajardo.[2] En el prólogo a *Apuntamientos para la historia natural de los quadrúpedos*, Azara explica: "Comencé a leer estos libros [la *Historia natural* de Buffon], creyendo serían los mejores del mundo", pero pronto encontró "que buena parte de lo que es

---

[2] En el prólogo a los *Apuntamientos para la historia natural de los páxaros*, Azara dice que Cerviño le prestó 18 tomos de la *Histoire naturelle* en el original (Azara, 1802-1805, vol. I: vi). En el prólogo de los *Apuntamientos para la historia natural de los quadrúpedos*, afirma que "se me franqueó una Historia natural escrita en francés [...] con algunos tomos en castellano" (Azara, 1802, vol. I: iv y v). En los *Essais* dice que Martín Boneo le entregó los 12 primeros volúmenes de la obra de Buffon en castellano y el resto, en francés, se lo facilitó Cerviño (Azara, 1801, vol. I: xliv y xlv). Glick y Quinlan (1975: 73 y 74) interpretan el "se me franqueó" en el sentido de "enviar por correo", en vez del sentido que tiene aquí de "hacer accesible".

historia se componía de noticias vulgares, falsas o equivoca-
das; que en lo general no se daba idea exacta de las magnitudes; que se reunían bestias distintas embrollándolas; que
en ocasiones se multiplicaban las especies; y, en fin, que era
necesario indicar en mi Obra [sic] las equivocaciones [...]"
(Azara, 1802, vol. I: v). Un par de páginas más adelante, afirma
que "como no he leído otras obras que la de Mr. Buffon, me he
visto como forzado a preferirle en mis críticas", aunque atenúa
la violencia del enunciado aclarando que dichas críticas "no
son tanto contra él", sino "contra los Viajeros y Naturalistas
de quienes copio los errores que impugno" (Azara, 1802, vol. I:
vii). Hay que aclarar que Azara intentó hacerle llegar el manuscrito a Buffon (que obviamente estaba muerto) y a Antonio de
Pineda, uno de los naturalistas de la expedición de Malaspina
(quien a esta altura también había muerto), y que, como vimos,
el texto fue traducido al francés sin que tampoco le llegara al
traductor una serie de observaciones y correciones que el autor había efectuado después del envío del manuscrito (Azara,
1802-1805, vol. I: vii-viii; cf. la historia en Beddall, 1975, y Glick
y Quinlan, 1975, quienes polemizan entre sí respecto del grado
de aislamiento científico de Azara, desde el punto de vista de la
historia de la ciencia en España).

Ya hemos mencionado el círculo de clérigos naturalistas
que se movía entre Montevideo y Buenos Aires. Había en el Paraguay otro sacerdote con talento de naturalista. En efecto, con
Azara colaboró el padre Blas Noseda, cura del pueblo de San
Ignacio Guazú (la antigua misión jesuítica de ese nombre en el
actual Paraguay). En el prólogo de los *Apuntamientos para la
historia natural de los páxaros*, Azara menciona a su amigo Noseda, "en quien encontré bastantes y buenas noticias" y a quien
entrenó en el método de medir, describir y observar las aves.
Noseda "describió setenta páxaros que creyó nuevos, pero como
yo había adquirido ya la mayor parte, sólo ha quedado el resto
entre mis descripciones" (Azara, 1802-1805, vol. I: iv). Glick y
Quinlan (1975: 72) calcularon que Noseda fue responsable del

85% de las contribuciones efectuadas a Azara por otras personas. Sobre la base de un manuscrito de Azara y otras fuentes fue posible concluir que Noseda habría descripto por lo menos 150 aves, y probablemente muchas más. Azara con frecuencia cambiaba el nombre de las aves descriptas por su amigo y colaborador (Selva, 1917).

Otro autores ya mencionaron que Azara estuvo en contacto fructuoso con los miembros de la expedición Malaspina, como Antonio de Pineda, cuando ésta pasó por el Río de la Plata (Glick y Quinlan, 1975: 73). Azara había enviado su manuscrito sobre pájaros a Buenos Aires y allí lo vio Pineda, quien le escribió ofreciéndole ordenarlo según la clasificación de Linneo, por lo que Azara le envió una copia que aquél recibió en Lima. Esto le permitió a Azara reducir en cien el número de "especies" que había descripto (Barattini, 1959: 33 y 34; Beddall, 1975: 25). Ya vimos también que la "Introducción a la Historia Natural de Cochabamba" de Haenke fue incorporada a los *Voyages* de Azara (Azara, 1809, vol. II: 391-541). Azara no conoció a Haenke y tampoco le pidió autorización para publicar su obra. Al manifestar sus escrúpulos, pues "l'on pourrait peut-être trouver de l'indiscrétion à publier un ouvrage sans le consentement de l'auteur, et même sans qu'il en eût connaissance [se podría considerar indiscreto publicar una obra sin el consentimiento del autor y aun sin que él mismo lo sepa]" (Azara, 1809, vol. I: 28-30), se responde a sí mismo diciendo que, dado que Haenke vive alejado de Europa, seguramente no va a tener medios para publicar su obra y, por otra parte, ya la publicó en los medios que tenía a su disposición (se refiere a los fragmentos aparecidos en el *Telégrafo Mercantil*).

Por cierto, Haenke había llegado con la expedición Malaspina –o, más bien, persiguiendo las corbetas *Descubierta* y *Atrevida*, que parecían escapársele una y otra vez–. Tadeo Haenke estudió en Praga y en Viena –en esta última, mineralogía con Ignaz von Born y botánica con Nikolaus J. Jacquin–. Haenke herborizó en los Alpes y fue el encargado de la octava edición de los

Genera plantarum de Linneo (1789). Fue contratado por el rey para participar en la expedición Malaspina, junto con Antonio de Pineda (nacido en la futura Guatemala) y el botánico francés naturalizado español Luis Née. Haenke llegó a Cádiz unas horas después de que la expedición había partido y se embarcó en otro buque que naufragó frente a Montevideo, con lo cual perdió gran parte de sus papeles e instrumentos. Pasó a Buenos Aires y luego atravesó La Pampa, llegó a Mendoza y cruzó la Cordillera por el paso de Uspallata hacia Chile. En Santiago se reencontró finalmente con Malaspina y sus colegas. Durante esta parte de su periplo sudamericano, Haenke herborizó un mes en Montevideo, dos en la provincia de Buenos Aires y a lo largo de su trayecto hacia Chile. Según la relación de viaje, habría acopiado 1.400 plantas, la mayor parte nuevas (Destefani y Cutter, 1966: 20). La expedición Malaspina, ya con Haenke a bordo, navegó durante cinco años, entre julio de 1789 y septiembre de 1794. Desde Valparaíso, fue recorriendo toda la costa oeste del continente americano hasta la bahía de Behring. Desde ahí regresó a Acapulco y desde este puerto hacia Filipinas, Australia y las islas Vavao, desde donde volvió a El Callao en julio de 1793. Allí desembarcaron Née y Haenke, con el plan de reunirse de nuevo con la expedición en Montevideo. Née efectuó el largo trayecto por tierra, pero Haenke no partió. De hecho, no partiría nunca.

Con su nombramiento de "naturalista de su majestad", Haenke se quedó a trabajar en el Alto Perú. Sabemos qué hizo durante los dos primeros años de su permanencia (desde antes de octubre de 1793 hasta agosto de 1795) por dos cartas en las que cuenta sus exploraciones. Partió de Lima, cruzó la cordillera occidental hasta Huancavelica y siguió en dirección este hasta Ayacucho; de allí al Cuzco y luego al lago Titicaca. Cruzó de nuevo la Cordillera hasta Arequipa, donde ascendió el volcán Misti. En junio de 1795 pasó a La Paz y emprendió la exploración de los ríos Beni y Mamoré, en la provincia de Moxos (esta experiencia fue luego descripta en la "Memoria de los ríos navegables", publicada en el *Telégrafo Mercantil*). Volvió a La Plata (Chuquisaca, actual Sucre) y se estableció en Cochabamba, donde trabó amistad con el gobernador intendente Francisco de Viedma. Haenke vivía en una estancia en la región de los indios yuracarées, provincia de Cochabamba (Destefani y Cutter, 1966: 38-58). En 1810 el virrey Cisneros le envió una carta que remitía órdenes de la Junta de Sevilla acusándolo de haber cobrado indebidamente un sueldo de la Corona durante 16 años mientras residía en el Alto Perú. La respuesta de Haenke relata lo que estuvo haciendo (ya hemos visto sus actividades en nuestro relato). En su descargo, Haenke menciona sus exploraciones y estudios botánicos; su descubrimiento de que el "nitro cúbico" podía reducirse a "nitro prismático"; útil para la fabricación de pólvora; el hecho de haber remitido a Buenos Aires su trabajo sobre Cochabamba (la "Introducción a la Historia Natural de Cochabamba") acompañado de muestras en más de cuarenta y tantos cajones; su participación crucial en la propagación de la vacuna y el hecho de que, en la época de las invasiones inglesas, se le hubiera pedido que instruyese a los oficiales en el mejor método de preparar pólvora. En esa carta Haenke explica que no puede viajar a Buenos Aires porque está enfermo; también renuncia a su sueldo, no sin antes recordar al virrey que, dada la riqueza vegetal y climática del territorio, "no ha sido demasiado el tiempo que he empleado en unas inquisiciones y descubrimientos tan numerosos y para los que apenas bastarían muchos Linneos, muchos Pitones de Tournefort y otros sabios reputados Padres de la Botánica moderna" (véase la carta en Groussac, 1900b). Uno de los efectos inesperados del 25 de mayo fue que todo esto quedó en la nada y Haenke siguió viviendo y trabajando en Cochabamba durante siete años, que se volvieron amargos por la experiencia de las guerras de la Independencia que desgarraron la región.

Si Azara fue un geógrafo y naturalista ilustrado, Haenke ya viró hacia lo romántico. Educado en las universidades del imperio en dos disciplinas típicamente románticas como la botánica y la mineralogía, el hecho de haber participado en una expedición que se considera como el modelo más acabado de la ciencia ilustrada española no transforma a Haenke en un iluminista. Si en algo hay que pensar entonces es en el registro de Rousseau. El viaje "personal" de Haenke, emprendido entre 1793 y 1795 por el Perú y el Alto Perú, precedió por un puñado de años al gran viaje romántico en el que Humboldt y Bonpland recorrieron gran parte de América del Sur y Central, entre junio de 1799 y agosto de 1804. El alpinismo y la veneración de los paisajes "sublimes" fue un rasgo de la ciencia y de la cultura románticas (Asúa, 2004b: 95-119). Haenke ascendió al Misti poco antes de que Humboldt subiera al Chimborazo. En el *Essai sur la Géographie des Plantes* (París, 1805) hay un famoso grabado con un corte vertical del Chimborazo que representa las zonas fitogeográficas del volcán. Esta imagen, símbolo de la ciencia humboldtiana, está incoada en la descripción que efectuó Haenke en la "Introducción a la Historia Natural de Cochabamba" de las tres "zonas" desde la Cordillera hasta el valle: frígida, templada y húmeda. De cada zona, Haenke pinta brevemente la configuración vegetal, los animales, los productos minerales y el clima. "En un espacio corto –dice– reúne ella [Cochabamba] todas las modificaciones de climas y temperamentos de este Globo Terráqueo" (Haenke, 1900a: 60). Por supuesto, sus breves relatos no exhiben el tenor romántico en todo su despliegue, pero de todos modos es posible encontrar frases reveladoras de su sensibilidad por una naturaleza personificada, la cual "parece ha formado todos los objetos del Continente de esta América en un punto mayor: aquí solamente amontonó esta inmensa Serranía de la Cordillera de los Andes; aquí derramó un Río de las Amazonas, y de la Plata; aquí produjo bosques y llanuras sin límites y sin ejemplo en otros Payses [sic]" (Haenke, 1900b: 155). La insistencia en la utilidad de los productos naturales, en el inventario de lo aprovechable, es un rasgo ilustrado que surge como constante en todos los textos de Haenke sobre historia natural.

Bonpland estuvo también muy cerca del romanticismo. Al igual que Haenke llegó a América como *naturaliste voyageur*, pero ambos se radicaron en el Nuevo Mundo seducidos por la riqueza cromática de la flora tropical y subtropical, y por los contrastes del paisaje americano. En una carta del 22 de junio de 1818 al director supremo Pueyrredón, Bonpland (ya en Buenos Aires) solicitaba "que se sirva concederme el empleo de Profesor de historia natural que ha quedado vacante por la muerte del citado Haenke" (Ruiz Moreno *et al.*, 1955: 32-35). Vale decir que, al menos en lo formal, Bonpland recibió el manto dejado por Haenke. Como parte de sus obligaciones, Bonpland se comprometía a plantar un jardín botánico "con todas las plantas indígenas a Buenos Ayres y sus cercanías"; a enviar a Europa un manuscrito y un herbario "a fin de comenzar enseguida la publicación de la Flora de las Provincias Unidas" y a comenzar "enseguida mis viajes a lo interior del pays [sic], aumentando por este medio el número de plantas en mi jardín". En esos viajes de exploración proponía coleccionar plantas, minerales, insectos, aves, conchas, fósiles y otros objetos naturales que "podrán ser depositadas en la Biblioteca o en la Universidad".

Cuando llegó a Buenos Aires, Bonpland era un personaje científico de fama internacional. Había estudiado medicina y botánica en París, en los años que precedieron y siguieron a la Revolución Francesa, cuando dicha ciudad era el centro botánico del mundo. Fue el socio de Humboldt en el gran viaje a las regiones equinocciales y publicó, como resultado de éste, *Plantes équinoxiales* (París, 1805-1818, 2 vols.) y la *Monographie des Mélastomacées* (1806-1823, 2 vols.). Luego se transformó en el jardinero de la Malmaison, la palaciega casa de campo de Josefina Bonaparte, donde se especializó en aclimatación de flora exótica tropical (Foucault, 1994: 13-197; Penchaszadeh y Asúa, 2009). Cuando cayó Napoleón, Bonpland comenzó a pensar en radicarse en América, dados sus contactos con Bolívar, a quien había conocido en París, y con Francisco Antonio Zea, quien fuera el sucesor de Celestino Mutis en la Real Expedición Botánica de Nueva Granada y que en ese momento estaba en Londres. Pero ante las derrotas que estaba sufriendo Bolívar, los argumentos de los enviados del Río de la Plata, Manuel de Sarratea, Belgrano y sobre todo Rivadavia, convencieron a Bonpland de que se dirigiera a estas tierras. En noviembre de 1816 viajó de Londres a París acompañado por Rivadavia y es probable que en ese momento tomara la decisión sobre cuál sería su destino. El 21 de octubre de 1816 Rivadavia le escribió a Pueyrredón recomendando a su amigo, quien partió de París con rumbo al Río de la Plata el 23 de noviembre de 1816, junto con su esposa Adeline, Emma (la hija de su esposa) y dos jardineros (Piccirilli, 1960, vol. III: 93-95; Domínguez, 1929: 417).

El 29 de enero de 1817 Bonpland llegó al Río de la Plata en el *Saint-Victor*. Fueron a recibirlo Manuel de Sarratea, el francés Victor Roguin –quien sería su amigo y socio comercial– y monsieur Antonio Leloir, cónsul de Francia en Buenos Aires. Bonpland se acomodó en una casa cerca del fuerte. Como informó *La Crónica Argentina* a sus lectores, Bonpland llegó "con una multitud de semillas, y con dos mil plantas vivas que con inmensas fatigas y cuidados las ha salvado". El autor del artículo decía que "a más de servir al país como un buen facultativo en la medicina, [Bonpland] planificará un método de agricultura práctica [...] y realizará un conservatorio de plantas donde no sólo estén las que ha traído y las conocidas en el país, sino que descubrirá muchas que se crían en nuestro continente" (*LCA*, 1° de febrero de 1817; VII: 6470 y 6471). A su vez, la *Gaceta* del 5 de febrero de 1817 (núm. extraord., vol. v: 28) lo consideraba "el primer botánico y zoologista que nos ha visitado" y afirmaba que "la tierra habrá hecho una adquisición singular, quando [sic] se comuniquen sus investigaciones a las demás ciencias, principalmente la medicina, con quien la botánica tiene una conexión inmediata". El gobierno de Pueyrredón le vendió la quinta del Hueco de los Sauces, de 7 hectáreas, que en realidad pertenecía a los hermanos betlemitas, lo que fue el origen de un largo conflicto entre ambas partes (véanse los documentos en Ruiz Moreno *et al.*, 1955: 6-20). Mientras tanto, Bonpland vivía de su pensión francesa y pronto abrió un consultorio médico. Como vimos, solicitó el cargo vacante de Haenke y efectivamente, el 3 de octubre de 1818, fue nombrado "profesor naturalista de estas provincias" con un sueldo de 2.000 pesos anuales, que fue ajustado en los dos años sucesivos (Ruiz Moreno *et al.*, 1955: 39).

El sabio francés, lógicamente, fue centro de atención de la pequeña sociedad porteña. Bonpland trabó amistad con Mariquita Sánchez de Thompson y a través de ella conoció al general San Martín. En las tertulias de la casona de los de Luca, exhibía su

frac azul, su blanco corbatón y su chaleco amarillo [...], entraba con su aire de angelical bondad y era rodeado al momento como el festejado iniciador de las bellezas de nuestra historia natural. Cada noche encantaba a sus oyentes, hablándoles de alguna hierba nueva, de alguna planta utilizable o preciosa que había descubierto en las exploraciones de la mañana y a la amenísima lección seguía otras veces una conferencia de física recreativa que otro sabio, Mr. Lozier, acordaba por amable condescendencia a los ruegos que allí se hacían (López, 1944, vol. v: 21).

Ya hemos mencionado a Lozier en el capítulo i. Este personaje había estudiado matemáticas y sirvió en la sección de bagajes del ejército napoleónico en España. Con la caída de José I, viajó a Estados Unidos y ya señalamos que fue reclutado, como Dauxion Lavaysse, por José Miguel Carrera. Desbaratada la conspiración de éste, Lozier intentó crear un colegio industrial en el Río de la Plata. No tuvo éxito y pasó al Brasil con igual propósito. En 1817 lo encontramos enseñando matemáticas en Mendoza y, en 1822, de nuevo en Buenos Aires, desocupado. Al fin fue contratado por O'Higgins para organizar una escuela industrial. Posteriormente participó en un proyecto cartográfico en Chile y dirigió durante dos años el Instituto Nacional en Santiago. Terminó su vida entre los araucanos (Barros Arana, 1911: 266-269; Mitre, 1890, vol. ii: 312-317).

El relato de Vicente Fidel López es, con probabilidad, un recuerdo de familia de su padre Vicente López y Planes, a quien ya vimos haciendo observaciones astronómicas con el padre Bartolomé Muñoz. López y Planes fue también un botánico aficionado, lo que sugiere hasta qué punto la botánica era una ciencia popular. Ha quedado un ejemplar de la *Flora española* en seis volúmenes de José Quer (Madrid, 1764), que había sido del doctor Agustín Fabre y que luego pasó a poder de López. José Quer, el primer director del Real Jardín Botánico de Madrid, era un seguidor de Joseph Pitton de Tournefort y la clasificación de la *Flora* es la de ese botánico francés. López agregó en tinta a cada lámina el nombre de la planta correspondiente a la clasificación de Linneo, tarea acometida durante el 9 y 10 de febrero de 1823 (Furlong, 1948: 412).

Mientras tanto, Bonpland era consultado. El número del 4 de noviembre de 1818 de la *Gaceta* (núm. 95, vol. v: 397) publicó un artículo en el que el botánico explica al padre Francisco de Paula Castañeda cómo "cosechar" la cochinilla que éste había encontrado en algunos tunales del pueblo de Pilar. "El hallazgo de este producto en las Provincias Unidas –dice– puede seguramente ser de grande utilidad a estos países". El director Pueyrredón le solicitó que evaluara el *Manual de Agricultura* (1819) de Tomás Grigera, productor y alcalde de las quintas que lideró el motín del 5 y 6 de abril de 1811, por el que los saavedristas desplazaron a los morenistas de la Junta Grande (Bonpland emitió una opinión favorable con algunas sugerencias para mejorar la obra) (Ruiz Moreno *et al.*, 1955: 21-25).

Por cierto, en sus años de permanencia en Buenos Aires, Bonpland herborizó en los alrededores de la ciudad, efectuó un viaje al Delta del Paraná y, sobre todo, exploró la isla Martín García, donde después de mucho tiempo encontró plantas de yerba mate. Mediante experimentos, halló un método para poder hacer germinar las semillas artificialmente, que consistía en la disolución química del tegumento (Foucault, 1994: 210-218). Entusiasmado, obtuvo financiación de su amigo Roguin y se dirigió a Misiones para tratar de organizar una explotación de yerba mate. Partió de Buenos Aires el 1° de octubre de 1820. Al fallecer Agustín Fabre, el 31 de marzo de 1821, el gobernador Martín Rodríguez nombró a Bonpland profesor de *materia medica* del Instituto Médico Militar (Ruiz Moreno *et al.*, 1955: 88). Por ese entonces, Bonpland ya estaba bajo la protección de Francisco Ramírez en Candelaria. Poco después sería apresado por el dictador Gaspar Rodríguez de Francia y retenido cautivo en el Paraguay durante una década.

Conclusiones

Quizás la historia natural haya sido la ciencia con más desarrollo en el Río de la Plata durante los tiempos de la Independencia. El motivo es que la práctica de la disciplina estuvo a cargo de dos grupos; por un lado, Larrañaga y el círculo de clérigos aficionados a la historia natural; por otro, los extranjeros que vinieron como naturalistas viajeros y se quedaron durante mucho tiempo, como Azara, o se radicaron definitivamente. Azara, Haenke y Bonpland son casos diferentes. Azara y Haenke tenían una buena formación, pero eran jóvenes y desconocidos cuando llegaron a América. Bonpland gozaba de una gran reputación en Europa. A su vez, mientras que Azara ganó prestigio por sus obras sobre los pájaros y los cuadrúpedos del Paraguay, la reputación de Haenke quedó restringida en Europa al campo de la botánica. A pesar de los títulos que se les otorgaban, la participación de estos personajes en las embrionarias instituciones locales fue modesta. Bonpland, debido a su larguísima permanencia en la región, estuvo íntima y activamente involucrado en las guerras civiles y en la historia de la Confederación. Haenke volcó parte de su producción en la prensa, el *Telégrafo Mercantil* y el *Correo de Comercio*. Las contribuciones de Azara que circularon en el Río de la Plata se refieren a sus actividades de topógrafo, cartógrafo e ingeniero naval.

La correspondencia entre Bonpland y Larrañaga, ya citada, es importante, pues señala el punto de interacción entre ambos grupos y pone de relieve, por si fuera necesario, el problema de aislamiento que afectó al naturalista de la Banda Oriental durante toda su vida. Mientras que Azara salió del Río de la Plata en 1801, Haenke no tomó partido en las guerras de la Independencia y Bonpland llegó a la región traído por los representantes del gobierno independiente. Por su lado, todos los sacerdotes naturalistas (Larrañaga, Muñoz, Segurola) fueron fervientes americanistas, comprometidos con la causa de la Independencia.

VI. METEORITOS Y EXPERIMENTOS

EL HIERRO DE LAS ARMAS

Los meteoritos que ocupan la zona llamada Campo del Cielo, en el Chaco austral, entre Santiago del Estero y Chaco, fueron motivo de expediciones y especulaciones durante toda la época colonial. Ya en 1576, el gobernador Gonzalo de Abreu y Figueroa envió allí una expedición al mando de Hernán Mexía de Mirabal, que halló un "peñón de hierro". Dos siglos más tarde, en 1774, el militar Bartolomé Francisco de Maguna partió de Santiago del Estero y encontró una barra o planchón de metal de casi 23 toneladas. El análisis de muestras efectuado en Lima y en Madrid arrojó que había mineral de plata, lo cual despertó el habitual reflejo de codicia asociado al hallazgo de metales preciosos. Maguna volvió a la región en 1776 y envió más muestras a Buenos Aires. Para decepción general, el análisis efectuado por el ingeniero Francisco de Serra y Canals mostró que no había plata, sino hierro de una calidad particular.

Tres años más tarde se efectuó una nueva expedición, esta vez al mando del sargento mayor Francisco de Ibarra junto con el capitán Melchor M. Costas. Encontraron el planchón o mesón y extrajeron con dificultad muestras que llevaron a Buenos Aires. Vértiz envió parte de ellas a Madrid y entregó otras al doctor O'Gorman, quien dictaminó que era hierro más blanco y maleable que el normal (Álvarez, 1926: 15-54). Entonces Vértiz organizó una nueva expedición comandada por el marino asturiano Miguel Rubín de Celis, quien fue acompañado por Pedro Cerviño y el coronel Francisco Gabino Arias. Ellos encontraron un planchón cuyo peso estimaron en aproximadamente 18 toneladas. Rubín redactó un informe para Vértiz y un "Diario de la expedición", seguido de comentarios sobre la región (Caillet-Bois, 1932).

En 1786, ya de vuelta en España, Rubín de Celis efectuó desde la Isla de León una comunición a la Royal Society a través de Joseph Banks, la cual fue publicada en las *Philosophical Transactions* de 1788 en español, con su traducción en inglés como apéndice. El autor trató de averiguar de qué se trataba el famoso "mesón". Estaba intrigado por el aspecto esponjoso de los fragmentos, a los que compara con una masa de pan que, luego de que alguien hubiese metido los dedos, se hubiera "ferrificado". Rubín de Celis hizo cavar por debajo del meteorito y halló que no tenía "raíz", es decir, no había continuidad entre la masa superficial y alguna veta o mina. ¿De dónde había venido? La hipótesis que avanzó en su comunicación es que "habrá sido arrojado por algún volcán" –en el trabajo se esfuerza por justificar y otorgarle plausibilidad a esta hipótesis, difícil de sostener, dado que en ese territorio no hay volcanes–. El aspecto de maravilla o portento que el mesón despertaba en el siglo xviii nos es transmitido cuando leemos que, en el artículo que le dedica, Rubín de Celis afirma como comentario colateral que "es indudable que entre aquellos inmensos bosques existe un árbol con las ramas de puro fierro" (Rubín de Celis, 1778). En 1803 Diego Bravo de Rueda, Miguel Jerónimo Castellano y Fernando Rojas salieron a buscar el "mesón de fierro", pero no lo hallaron. En su lugar encontraron un trozo de ese metal de 1 tonelada, que llevaron a Buenos Aires.

Volvemos a encontrarnos con el famoso "mesón" (o, más bien, con otros meteoritos) unos años después de los sucesos de Mayo. Desde 1816 (y hasta 1822), el sargento mayor Esteban de Luca estuvo a cargo de la fábrica de fusiles de los ejércitos patriotas. De Luca había sido alumno del Real Colegio de San Carlos, luego ingresó en la Academia de Matemáticas de Belgrano y después fue instruido en el oficio de la fundición de cañones y municiones por Ángel Monasterio. La fábrica de fusiles de Buenos Aires fue edificada en 1811 en el terreno que hoy ocupa el edificio del Palacio de Justicia. Su primer director, el piloto español Domingo

Matheu, tenía allí 90 personas a cargo, y en septiembre de 1813 el número ascendió a 143. En ese mes, Matheu fue relevado y se sucedieron como directores de la fábrica por breves períodos el barón Eduardo de Holmberg, el catalán Salvador Cornet y Manuel Navarro, hasta el nombramiento de Esteban de Luca (Martín *et al.*, 1976-1980, vol. I: 184 y 185). Mitre inmortalizó al maestro de de Luca, el ingeniero militar español Ángel Monasterio, como "el Arquímedes de la Revolución". Monasterio había estudiado bellas artes en España y enseñó dibujo en la Academia de Guardias Marinas de Cádiz. Llegó a América con la aureola de "el prestigio de su liberalismo y de sus relaciones con Jovellanos", quien le había regalado un apreciable estuche de matemáticas. En el Río de la Plata abrazó la causa de la Revolución y fundió las balas y los cañones usados en el sitio de Montevideo. Luego colaboró con Belgrano en 1812, en la instalación de las dos baterías en el Paraná, a la altura de Rosario, con las que se pretendía detener cualquier incursión de la marina española aguas arriba. En julio de ese mismo año, fue puesto a cargo de la fundición militar de Buenos Aires. Con la caída de Alvear, a quien Monasterio estaba vinculado, la fundición quedó a cargo de José María Rojas (Gutiérrez, 1877; Mitre, 1950: 211; Martín *et al.*, 1976-1980, vol. I: 186 y 187).

De Luca recibió un fragmento de hierro de 730 kg con el que fabricó un par de pistolas que luego fueron obsequiadas al presidente de Estados Unidos. Sabemos esto debido a una memoria que el 16 de febrero de 1816 el metalurgista y poeta patriótico elevó al gobierno con el título de "Disertación sobre el Hierro de Tucumán" (reproducida en Lamas, 1871: 549-554). Como su antecesor Rubín de Celis, Esteban de Luca se pregunta por el origen de lo que ahora sabemos que es un meteorito. Decide que no se trata de una mina de hierro y que el metal no pertenece a ninguno de los "estados" en que se encuentra el hierro "que se obtiene por el beneficio de la mina". No es hierro colado, ni fundido, ni acero, y lo más próximo, según de Luca, es el "régulo de hierro o hierro purificado". Aquí el metalurgista y escritor sigue la clasificación que aparece en la *Historia natural* de Buffon (1848: 151-261). Piensa que es "hierro nativo", pero su origen lo deja perplejo, pues "está cubierto con el velo del misterio". De Luca esperaba que el enigma se resolviera "bajo los auspicios de la libertad que defiende la América tan justamente". Bajo el nuevo estado de cosas, "el sabio y profundo naturalista que sabe perseguir la naturaleza hasta en sus más ocultos senos" develará el misterio. Es sabido que la figura de develar "el misterio de la Naturaleza" es característica del romanticismo. En cuanto al "sabio y profundo naturalista", parece referirse a un sujeto anónimo, al "naturalista" como tipo humano, más que a alguien en particular. En todo caso, lo importante es que el cantor de las victorias de Chacabuco y Maipú manifieste que este "misterio" deberá ser resuelto en la nueva atmósfera de la libertad, "a causa de la incuria y abandono del gobierno español, que pérfidamente ha privado a los Americanos del estudio de las ciencias naturales, tan útiles y recomendables para la prosperidad de los países". Este lugar común del discurso científico de la Revolución de Mayo –la afirmación de que durante el gobierno español se impidió el progreso de la educación y de las ciencias para mantener sometidos a los pueblos americanos– parece en este caso justificado, debido a que, como hizo público Rubín de Celis en su artículo, la Corona no permitía explotar minas de hierro en sus posesiones americanas, reservándose el monopolio del trabajo de dicho metal. Ésa es la razón de la escasez de hierro en la época independiente y el motivo por el cual se pensó en recurrir al famoso "mesón" para obtenerlo, pues se necesitaba para fabricar armas.

Manuel Moreno, el hermano de Mariano, se ocupó del tema en una comunicación del 3 de octubre de 1822 a la Sociedad de Ciencias Físico-Matemáticas constituida en Buenos Aires en ese año, cuyo órgano de comunicación era *La Abeja Argentina*. Por su campaña opositora contra el director supremo Pueyrredón llevada a cabo desde *La Crónica Argentina*, en noviembre de 1817 Moreno fue desterrado a Estados Unidos, y se radicó en Baltimore. Entre fines de 1819 y comienzos de 1820, relata en una carta que comenzó a estudiar medicina. En septiembre de 1821 regresa a Buenos Aires. La Escuela de Medicina de la Universidad de Maryland le expidió el 1° de abril de 1822 un título de bachiller en medicina en grado honorario y aparentemente habría recibido otro de doctor en medicina, también en grado honorario. Es imposible saber qué tipo de cursos Moreno siguió en Maryland. En todo caso, en marzo de 1822, revalidó su título en Buenos Aires (Quiroga, 1972: 91-94).

El número del 15 de octubre de 1822 de *La Abeja Argentina* (t. I, núm. 7, pp. 278-287) reprodujo la disertación de Moreno sobre el hierro de Santiago del Estero. Ésta es la primera vez que se afirma que se trataba de "piedras meteóricas de diferentes magnitudes", que "han descendido de la atmósfera acompañadas de una brilante luz; y seguidas de un estallido se han hundido en la superficie de la tierra en estado de inflamación" (Moreno, 1822; cf. Quiroga, 1972: 122-124). A partir de allí, la memoria de Moreno discurre sobre los meteoritos y las hipótesis acerca de su formación, y concluye que la opinión más probable es la que atribuye "su formación a las regiones más altas de nuestro fluido atmosférico". El resto de la memoria es una discusión articulada de los problemas que encontró Rubín de Celis (¿por qué no pudo fundirlo?), de la memoria de Esteban de Luca y de varios análisis químicos de hierro americano. Es pertinente señalar que Moreno trae a colación el análisis de muestras del hierro de Santiago junto con otros meteoritos que publicó Edgard Howard en 1802, en las *Philosophical Transactions of the Royal Society*. Howard examinó el hierro de Santiago y según su análisis, que coincidía con el que había efectudo el químico francés Joseph Proust, contenía aproximadamente un 10% de níquel. En dicho artículo Howard (1802) sugiere que ese hierro pudo haber tenido origen meteórico. Dado que Moreno leía bien en inglés, es evidente que su idea sobre el origen del hierro de Santiago fue tomada del artículo del químico británico.

REDHEAD

En el número del 1° de octubre de 1810 del *The Monthly Magazine and Universal Register* de Londres (vol. 14, núm. 21, p. 450) apareció la noticia de que un tal doctor Redhead había publicado una "Memoria sobre la dilatación del aire atmosférico" en Buenos Aires. El optimista peridiodista celebraba que "the war of politics and the arms has not so totaly absorbed the talents of the South Americans but that science has a share of their attention [la guerra de la política y las armas no ha absorbido los talentos de los sudamericanos a tal punto que la ciencia no reciba una parte de su atención]". Y seguía diciendo que, dado que el folleto se había realizado en la Imprenta de la Independencia, era claro que el gobierno no era insensible a los requerimientos de la ciencia ni reacio a patrocinarla financieramente.

Joseph Redhead fue un médico que estudió en Edimburgo y se graduó en 1789. Todos los autores lo han señalado como escocés (Romero Sosa, 1944); sin embargo, Molinari, basado en la evidencia documental de un censo de Buenos Aires de 1804 y sobre lo que el mismo Belgrano dijo de su médico, señaló que era de Connecticut (Molinari, 1960: 128). Pero en el *Medicinisches Schriftsteller-Lexicon* de 1833 aparece como nacido en Antigua, es decir que habría sido súbdito británico (Callisen, 1833: 405). (En cuanto a su origen estadounidense, pudo haber declarado que lo era para evitarse problemas.) Ese mismo diccionario indica que se graduó con una tesis en Edimburgo presentada el 24 de junio de 1789. El título era *Dissertatio physiologico-medica inauguralis de adipe: Quam* [...] *pro gradu doctoris*, [...] *eruditorum examini subjicit Josephus Redhead* (Oxford, Balfour and Smellie, 1779).

La primera noticia que se tiene de él en Buenos Aires data de 1803. El Protomedicato le encargó un informe sobre el estado sanitario de los esclavos negros de la fragata *El Joaquín* en 1804 (Molinari, 1960: 126-135). Como Redhead mismo relata en su *Memoria*, en 1806 acompañó desde Buenos Aires a

Francisco Muñoz y San Clemente, que había sido "promovido a la presidencia del Cuzco" (Redhead, 1819). Permaneció en el Alto Perú hasta 1809 y luego bajó a Salta, donde sabemos que herborizó y, ya encendida la revolución, fue perseguido por los realistas (Pío Tristán confiscó sus cosas y el manuscrito de la *Memoria*, que recuperó después). Redhead escapó a Tucumán, donde se vinculó con Belgrano, con quien trabó una profunda y leal amistad. Siguió desde entonces la suerte del Ejército del Alto Perú y fue médico en las batallas de Salta, Vilcapugio y Ayohuma. En 1819 escribió la *Memoria* que nos ocupa. Mitre cuenta cómo Redhead acompañó a Belgrano en su marcha triste hacia Buenos Aires, donde llegó en marzo de 1820. Antes de morir, nuestro más noble prócer dejó a Readhead el reloj que le había regalado el rey Jorge III cuando estuvo en Inglaterra: "Es todo cuanto tengo que dar a este hombre bueno y generoso", habría dicho (Mitre, 1950: 639). Redhead regresó a Salta, donde hay muchos testimonios de su generosa y prudente actuación como médico, tanto de salteños como de viajeros (Romero Sosa, 1944; Molinari, 1960).

La *Memoria* de Redhead fue dedicada a Belgrano. Está precedida de un aviso en el que el autor cuenta cómo, aunque había deseado permanecer neutral porque su profesión así lo mandaba, no pudo lograrlo, debido a que fue expulsado de su casa por el general Tristán. La suerte le devolvió el manuscrito que debió abandonar y decidió darlo a la luz. La idea de la memoria es sencilla: Redhead decidió estudiar la tasa de contracción de un volumen de aire a medida que descendemos desde una altura dada hasta el nivel del mar. Al principio pensaba estudiar la expansión del aire a medida que se asciende, en su camino de Buenos Aires a Potosí, pero no pudo hacerlo debido a inconvenientes técnicos (de hecho, se ofreció a efectuar el viaje para poder hacer el experimento). Ya en Potosí midió la altura del cerro y las marcas del barómetro en la cumbre y en el llano. Así pudo calcular la altura de una columna de aire imaginaria cuyos extremos estarían ubicados a alturas que correspondían, respectivamente, a las lecturas barométricas de 16 y 17 pulgadas. La idea era ver cómo esta columna de aire iba disminuyendo de altura proporcionalmente, a medida que se descendiese de Potosí a San Miguel de Tucumán. Redhead efectuó este viaje en 1807. Para su experimento preparó tubos de vidrio cerrados a los que agregó un poco de mercurio y luego selló en el otro extremo. Al invertirlos, el mercurio limitaba por arriba un volumen dado de aire, que dependía de la presión en ese lugar. Redhead medía el volumen de ese aire mediante una cuba neumática. El médico de Belgrano había estudiado en Edimburgo, donde enseñó Joseph Black, a quien se refiere en la memoria en relación con el uso de la cuba neumática. Black fue uno de los fundadores de la química cuantitativa y quien acuñó los conceptos de calor latente y calor específico. Dado que Redhead se graduó en 1789 y Black murió en 1799, bien pudo haber asistido a sus cursos, que eran extremadamente populares.

En el punto de partida y de llegada de cada tramo del trayecto, además de medir el volumen del aire atrapado en sus tubos de vidrio, Redhead medía la altura de la columna de mercurio del barómetro. De ese modo pudo calcular la tasa de disminución del volumen de aire en función del aumento de la presión, y encontró que "el ayre de los tubos perdía muy exactamente 1/20 de su volumen para el aumento de una pulgada de mercurio en el barómetro" (Redhead, 1819: 8). Por supuesto, a medida que nos acercamos al nivel del mar y la presión aumenta, el volumen de una gran columna imaginaria de aire disminuye. Redhead usó la tasa obtenida experimentalmente para calcular una tabla de la disminución de esta columna como función del aumento de la presión. Partió del dato inicial, obtenido en Potosí, que indicaba que la columna de aire imaginaria cuyos extremos estarían ubicados a alturas correspondientes a las lecturas barométricas de 16 y 17 pulgadas medía 169,70 toesas (una toesa es poco menos de 2 m). Su último dato en la tabla es que la columna de aire entre las medidas barométricas de 27 y 28 pulgadas (esta última medida a nivel del mar) es de 153,41 toesas. Debe subrayarse que los datos de esta tabla son *producto del cálculo*, no de la observación. Lo que obtuvo a partir de la observación fue la tasa de contracción del volumen de aire. Con esa tasa calculó la disminución que sufriría la columna de aire cuyos extremos correspondían a las presiones de 16 y 17 pulgadas en Potosí. Las últimas cuatro páginas de la memoria están ocupadas por una tabla similar, pero más precisa, ya que está calculada por línea del barómetro (una línea es aproximadamente 2 mm; una pulgada contiene 12 líneas).

Redhead también tenía intereses de naturalista. Sir Woodbine Parish, el cónsul inglés en el Río de la Plata entre 1825 y 1832, también era un naturalista aficionado serio. Parish envió restos de megaterio y gliptodonte a Londres, fue miembro de la Royal Society y se carteaba con Charles Darwin. En la primera edición de su libro *The Provinces of the Rio de la Plata* (1839), Parish comenta algunas opiniones de Redhead a propósito del hierro de Santiago del Estero. El cónsul naturalista relata que la Fábrica de Armas de Buenos Aires había recurrido al hierro del mesón debido a la escasez provocada por el bloqueo español, pero una vez levantado éste, se prefirió el hierro de Europa. Con lo cual, el que se había traído desde el Chaco le fue obsequiado a él. Parish envió la tonelada de metal a Humphry Davy para que la analizara, pero esto no sucedió debido a la muerte de este famoso científico en 1829. Sigue relatando que en Buenos Aires se creía que el hierro era meteórico, debido a su contenido en níquel y cobalto, pero él deja sentada su opinión de que la hipótesis "is not very satisfactorily or conclusively made out [no es demasiado satisfactoria ni concluyente]" (Parish, 1839: 257-263) –sin duda está discutiendo aquí las ideas de Manuel Moreno–. Redhead le había informado a Parish que no había una única masa, sino varias "as huge trunks with deep roots (I use the expresión of the natives) [como enormes troncos con raíces profundas (uso la expresión de los nativos)]". Previamente, Redhead le había enviado a Parish una muestra de hierro de Atacama, que luego fue analizada por Thomas Allen, y los resultados de ese análisis fueron publicados en las *Transactions of the Royal Society of Edinburgh* (contenía, aproximadamente, 93% de hierro, 6,5% de níquel y 0,5% de cobalto) (Allen, 1831). Los aborígenes de Atacama creían que esa masa metalífera había sido expulsada por un volcán, debido a la cercanía de una montaña con una veta de hierro. Esta idea fue aceptada no sólo por Parish, sino también por Redhead, que le escribió a aquél: "El tiempo podrá quizás justificar las opiniones de los indios en relación con el origen del hierro" [la traducción me pertenece]. No fue así.

CONCLUSIONES

La *Memoria* de Redhead es particularmente interesante, pues es quizás el único caso de un experimento propiamente científico llevado a cabo y publicado durante el período que nos ocupa. Aquí hay que tener en cuenta que Redhead había estudiado en Edimburgo, que en esa época era la mejor facultad de medicina del mundo. El experimento de Redhead estaba bien concebido, diseñado y ejecutado, con recursos sencillos y una pregunta científica interesante y oportuna. Para poder plantearse ese tipo de cuestiones, se requería el tipo de educación científica experimental que Redhead había recibido. Este caso es importante porque nos señala la distancia real que había entre la educación científica experimental en los países adelantados de Europa y aquella a la que un alumno podía aspirar en el Río de la Plata (tema que discutiremos en el próximo capítulo).

Pero, a su vez, las *Memorias* de Esteban de Luca y Manuel Moreno muestran que a esta altura de los acontecimientos la capacidad de análisis científico en el Río de la Plata no era desestimable. Moreno postuló por primera vez entre nosotros que el mesón de hierro tenía origen meteórico, lo que había sido sugerido por Howard. Al contrario, Redhead y Parish creían que se trataba del producto de una erupción volcánica, tal como lo había postulado Rubín de Celis (el más entusiasmado con esta idea era Parish). A la luz de estas opiniones, la memoria de Moreno publicada en *La Abeja Argentina* revela el buen juicio científico de su autor.

VII. LA ENSEÑANZA DE LA CIENCIA

LA ENSEÑANZA DE LA MEDICINA EN LA REVOLUCIÓN DE MAYO

El Protomedicato, una institución que regulaba el ejercicio de la medicina en el Imperio español, fue instalado en Buenos Aires de manera interina por Vértiz en 1779 e inaugurado el 17 de agosto de 1780 con Miguel O'Gorman como primer protomédico. O'Gorman era irlandés (en el Río de la Plata era llamado "Gorman" y a partir de ahora seguiremos esa grafía). Había estudiado medicina en París y Reims, y revalidado el título en Madrid, donde fue incorporado a la Academia de Medicina. Acompañó como médico militar la expedición de su compatriota el conde Alejandro O'Reilly a Argel en 1774 y, como vimos, fue enviado por Carlos III a Inglaterra para interiorizarse del proceso de variolización, que difundió en España. Llegó al Río de la Plata en 1777 como primer médico de la expedición del virrey Pedro de Cevallos (Cantón, 1921: 319-326).

Después de muchos conflictos, el 1° de julio de 1798, Carlos III sancionó definitivamente el Protomedicato del Virreinato del Río de la Plata como independiente del de Castilla, con la provisión de que el médico y el cirujano que lo integrasen tuvieran a su cargo la enseñanza de sus respectivas materias. En consecuencia, en abril de 1799 se nombró catedrático de medicina al doctor Miguel Gorman y de cirugía al licenciado Agustín Eusebio Fabre (originalmente el catedrático de cirugía era el cirujano del presidio José Capdevila, pero éste renunció enseguida y fue nombrado Fabre). Las clases se inauguraron el 2 de marzo de 1801 ante 15 alumnos, muchos de los cuales actuarían después como médicos militares en las invasiones inglesas o en la guerra de la Independencia. El curso era de seis años. En el primero se enseñaba anatomía; en el segundo, elementos de química farmacéutica y filosofía botánica; en el tercero, "instituciones médicas" y *materia medica*; en el cuarto, "heridas, tumores, úlceras y enfermedades de los huesos"; en el quinto, las operaciones; y el sexto consistía en lecciones de medicina clínica (Cantón, 1921: 235-240). El plan de estudios del 22 de julio de 1800 lleva la firma de Gorman y Fabre. Los autores declaran "haber examinado y cotejado los Planes y Tratados Elementales de las más célebres Universidades de Europa, y de haber adoptado casi en todas sus partes el de la de Edimburgo", y advierten que lo modificarán en cuanto se proclame el nuevo plan formulado para los Reales Colegios de España (Molinari y Hernández, 1960: 628).

Básicamente, para medicina se usaban los textos de William Cullen y su sucesor en la Escuela de Medicina de Edimburgo, James Gregory (*Conspectus medicinae theoricae*). Para cirugía se recomendaban textos españoles: el *Curso completo de anatomía* de Jaime Bonells e Ignacio Lacaba, de cinco volúmenes (Madrid, 1796-1800); las *Operaciones de cirugía* de Francisco Villaverde y un texto en uso en los Reales Colegios en España. En síntesis, la medicina era escocesa y la cirugía española. Para partos se usaba el texto de Jean Astruc, *L'Art d'accoucher* (1766). Éste fue el plan de Gorman, bien concebido aunque, al decir de Cantón, un poco excesivo para el exiguo cuerpo docente de dos profesores con que se contaba (Cantón 1921: 235-240).

Para ser admitidos los alumnos tenían que haber cursado lógica y física experimental. Fabre fue el encargado de enseñar anatomía en el primer curso de 1801. No había disección, pues no existía presupuesto para ella. Recién en 1824 se construyó un anfiteatro anatómico en el Hospital de la Residencia. Fabre había estudiado medicina sin llegar a terminar los cursos en el Real Colegio de Cádiz y fue luego médico de la Marina Real, con la cual viajó a Filipinas. Llegó a Montevideo en 1774 y a partir de entonces permaneció en el Río de la Plata. En 1804, por una orden real, regularizó su carencia de título y de examen de reválida ante un protomedicato (Cantón, 1921: 391-395).

El segundo año, entre julio de 1802 y julio de 1803, Argerich enseñó "Elementos de química farmacéutica y filosofía botánica" como sustituto de Gorman (quien no dictó la materia pero tampoco renunció a su cargo) (Cantón, 1921: 244-260; Molinari y Hernández, 1960: 634-638). Era el hijo del médico militar Francisco Argerich y nació en Buenos Aires. Estudió y se graduó en 1783 en la Universidad de Cervera, fundada por el borbón Felipe V después de haber cerrado la Universidad de Barcelona y otras cinco casas de estudio catalanas por oponerse a él en la Guerra de Sucesión –al contrario, Cervera fue fiel a los borbones– (Goodman, 1983: 120). Argerich ejerció durante un tiempo en Barcelona y regresó a Buenos Aires alrededor de 1785. En 1794 fue nombrado primer examinador del Protomedicato en reemplazo de su padre y en 1802 se hizo cargo del curso mencionado en la escuela de medicina del Protomedicato (Cantón, 1921: 365-370; Molinari, 1957). Al finalizar el curso, en julio de 1803, hubo examen público de "química neumática, filosofía botánica y farmacia". En el *Semanario* del 13 de julio de 1803 (núm. 43, t. ɪ, f. 342) se anunció que

el público tuvo la satisfacción de oir hablar por la primera vez de una ciencia [química neumática] la más análoga a la felicidad inalterable de los pueblos, y cuyo lenguaje peregrino hasta ahora en nuestra patria ha sabido hacer familiar en la boca de unos jóvenes el decidido gusto de su catedrático Dr. D. Cosme Argerich.

El artículo insistía en "los útiles y necesarios conocimientos" gracias a los cuales "será deudora nuestra provincia de los gigantes progresos que harán las artes algún día por medio de su aplicación". En el certificado extendido a Argerich se dice que los alumnos fueron examinados en meteorología, con temas como la formación del agua en la atmósfera y el rayo, "con cuyo motivo disertaron de los fluidos eléctrico, magnético y galvánico"; además dieron noticias de mineralogía y "nuevas ideas" sobre la química vegetal aplicada a la agricultura, los materiales vegetales, la curtiembre, los tintes y el proceso de vitrificación, "objetos los más interesantes para la prosperidad del comercio en este país". No sólo serían médicos, sino que propagarían "una multitud de conocimientos útiles sobre la agricultura, minería, tintorería y vitriería" (Cantón, 1921: 258 y 259). ¡Parecería que en vez de una escuela de medicina estuviéramos en presencia de una escuela de artes, industria y comercio! El énfasis en la utilidad de los conocimientos en otras áreas que la específica se manifestaba de idéntico modo en la Escuela de Náutica y sin duda refleja el hecho de que las oportunidades educativas eran escasas y se esperaba de ellas una formación general plástica y adaptable a múltiples fines. Por cierto, además de Gorman, Pedro Cerviño y Félix de Azara, las máximas autoridades científicas de Buenos Aires, estuvieron presentes en el examen.

Este curso es muy revelador de la situación de la enseñanza de la ciencia en el Río de la Plata en el período de la Independencia. Se advierte que en la Escuela de Medicina se enseñaba ciencia "en general": electricidad, química, neumática, mineralogía y botánica. Veremos que la formación en el Real Colegio de San Carlos y en la universidad era bien diferente. Esta situación bipolar de una universidad en la que se enseñaba una filosofía de la naturaleza modernizada a regañadientes y a los tirones y una escuela de medicina en la que se enseñaba la ciencia más avanzada reinaba en muchas universidades en la España de las reformas borbónicas (no en vano Argerich estudió en Cervera). Tal estado de cosas ocurría también en Salamanca, en Alcalá y en Valencia (Goodman, 1983: 122-125).

En 1808 se graduó la primera camada de licenciados médicos, que se habían inscripto en 1801. La segunda, de cuatro alumnos, se graduó en 1815, pues en 1811 los tres que quedaban (el cuarto perdió la razón) participaron en la campaña a la Banda Oriental hasta 1814 (Cantón, 1921: 282-284; Molinari y

Hernández, 1960: 638). El 2 de mayo de 1812 el Primer Triunvirato, con firma de Rivadavia y Feliciano Chiclana, decretó la suspensión de los sueldos de los catedráticos "hasta que se hagan útiles y oportunas tales erogaciones, tomándose razón en el Tribunal de Cuentas" (Cantón, 1921: 287).

Según una nota del protomédico Gorman, hacia 1810 había en Buenos Aires por lo menos seis médicos (curaban enfermedades internas), trece cirujanos médicos (curaban enfermedades externas, pero no medicaban ni sangraban) y nueve cirujanos romancistas (no sabían leer latín, sólo castellano o "romance", por no haber asistido a la universidad) (Cantón, 1921: 288 y 289). Los cuatro médicos que participaron del Cabildo del 22 de mayo de 1810 fueron Cosme Argerich, Eusebio Fabre, Bernardo Nogué y Justo García y Valdéz. Todos votaron que el gobierno pasase provisoriamente al Cabildo (Beltrán, 1944).

Quizás con el impulso del clima favorable creado por las victorias del Ejército del Norte en Tucumán y Salta y ante los insistentes pedidos de Belgrano para que se le enviasen cirujanos militares, por resolución de la Asamblea del año XIII del 10 de marzo de 1813 se aprobó el plan de la Facultad Médica y Quirúrgica presentado por Argerich (como veremos más adelante, Argerich había sido nombrado junto con Chorroarín y Zavaleta para organizar un "colegio de ciencias"). Este plan médico estuvo vigente hasta 1821. Era un poco más elaborado que el anterior, pero también duraba seis años. Cirugía sólo aparecía en el cuarto año. Argerich fue designado para la cátedra de medicina el 9 de abril de 1813. El 31 de mayo la Asamblea creó el Instituto Médico Militar en lo que fue una drástica transformación castrense de una institución civil (Cantón, 1921: 293-303 y 381-385). La *Gaceta* del 1° de diciembre de 1813 (núm. 81, vol. III: 582) anunció la apertura de los cursos para el 1° de marzo de 1814, pero debido a la convulsionada situación, las clases se iniciaron recién a fines de 1815. En todo caso, el diario oficial clamaba que "en el bárbaro plan de ignorancia sistemática adoptado por la política antigua, entraba, también, el designio de perpetuar en la América toda especie de enfermedades, impidiendo el progreso del arte de curarlas, como este debía resultar del examen de las ciencias". Esto fue publicado poco después de las derrotas de Vilcapugio (1° octubre de 1813) y de Ayohuma (14 de noviembre de 1813).

Se necesitaban con desesperación cirujanos para las campañas militares. El Directorio, con un nuevo reglamento del 31 de mayo de 1814, militarizó completamente el Instituto Médico cuando declaró que "siendo militar el Instituto Médico de esta capital, sus profesores se considerarán del Cuerpo de Medicina Militar". El reglamento insiste sobre la organización y la disciplina militares del cuerpo: su director era, a la vez, el cirujano mayor del Ejército. El artículo 14 de este reglamento trata sobre los grados; los artículos 12 y 13, sobre el uniforme: "Casaca derecha de paño azul, vivo encarnado, bota y cuello de terciopelo carmesí, forro y centro azul, botas y sombrero armado con escarapela nacional" (Gutiérrez, 1998: 380 y 381). En 1815 volvió Francisco Cosme Argerich (hijo de Cosme Argerich) del Ejército del Norte y se hizo cargo de la cátedra de anatomía. La de cirugía estuvo a cargo de Cristóbal Martín de Montúfar. El director siguió siendo Cosme Argerich, el cuarto profesor era Juan Antonio Fernández y hubo un quinto, Salvio Gaffarot. El primer curso comenzó el 1° de septiembre de 1815 y en 1820 diez alumnos habían terminado la carrera. Un año más tarde, el Instituto Médico Militar fue absorbido por el Departamento de Medicina de la Universidad. No es nuestro objetivo tratar la acción de sus graduados y de otros médicos en las guerras de la Independencia. En una lista iniciada por Pedro Mallo y completada por Eliseo Cantón, se cuentan nueve doctores, 36 licenciados, cuatro practicantes y nueve farmacéuticos, entre lo cuales figuran Francisco Cosme Argerich, Juan A. Fernández, el cirujano mayor del Ejército de los Andes Diego Paroissien, Joseph Redhead, Cristóbal Martín de Montúfar, Francisco de Paula del Rivero, el cirujano del Ejército del Alto Perú Baltasar Tejerina, Salvio Gaffarot, Pedro Rojas, Juan Isidro Zapata, Ángel Candía y seis frailes (Cantón, 1921: 422-424).

MATEMÁTICAS Y *PHYSICA* EN CONTEXTO UNIVERSITARIO

Carlos O'Donnell –que inauguró su actividad en estas tierras como ayudante de Cerviño y con el cierre de la Academia de Náutica pasó a dictar temporariamente un curso de matemática en Buenos Aires– se hizo cargo de la cátedra de dicha asignatura que comenzó a funcionar en Córdoba en 1809 como parte de la reforma de Funes. Esta cátedra revestía una gran importancia a los ojos de su creador, pues Funes depositó una suma de dinero para que con la renta se pagase al profesor (en marzo de 1812, ya en Buenos Aires y debido a la estrechez que sufría, lo retiró, pero eso nada quita a la fuerza del gesto inicial). Las cosas se complicaron, ya que al parecer O'Donnell tenía simpatías realistas, con lo cual concitó la oposición de los alumnos. En 1811 fue puesto en prisión y suspendido por la Junta Provincial. Reemplazado temporariamente por fray José de Calasanz Centeno, quien no habría tenido la preparación suficiente para dictar la materia, O'Donnell volvió a hacerse cargo una vez liberado, hasta que fue reemplazado por José María Bedoya en 1816 (Castro López, 1918; Furlong, 1945: 176-181). Para tener una idea del tipo de enseñanza del curso de Córdoba, basta ver la "Relación del ejercicio de los alumnos" del 29 y 31 de diciembre de 1810, publicada en la *Gaceta* de Buenos Aires en el número del 31 de enero de 1811 (núm. extraordinario, vol. II: 77-83). La cobertura es extensa y abarca varias páginas, pero los problemas que aprendían a resolver los estudiantes eran bastante elementales. De todas maneras, la mera introducción de un curso de matemáticas en la universidad no era una novedad menor.

Esta cátedra se perfilaba sobre un escenario de reforma. Como ya vimos, por Real Cédula de diciembre de 1800 la universidad en Córdoba pasó de los franciscanos, en cuyas manos estaba desde la expulsión de la Compañía de Jesús en 1767, a los clérigos seculares. Las nuevas constituciones debían moldearse sobre la base de las de Salamanca, pero mientras tanto (hasta 1857 [sic]), la universidad funcionó con las de Lima. En 1808

se confió la formulación del nuevo plan al rector Funes, quien
lo presentó al claustro recién en febrero de 1813. Fue elevado
en noviembre de 1814 al director supremo y aprobado el 4 de
marzo de 1815 (Garro, 1882: 217-227). Ya vimos que en 1808,
cuando se hizo cargo de la universidad, lo primero que hizo Funes fue crear una cátedra de matemáticas.

El nuevo plan de Funes de 1813 proponía que al primer año
de lógica y metafísica siguiese un año de matemáticas (aritmética, geometría y trigonometría) y un tercero de física general y
especial; el cuarto sería para la filosofía moral. Para la *physica*
(o filosofía de la naturaleza), Funes hubiera preferido la obra
de "Leridam" (es decir, Pierre Le Ridant), popular en Francia
antes de la Revolución, pero dado que era imposible conseguir
suficientes ejemplares, discute los relativos méritos de las de
François Jacquier y de Laurentio Altieri (Martínez Paz, 1915).
Estas tres obras eran textos didácticos en varios volúmenes que
cubrían la *philosophia* que se enseñaba en los tres o cuatro años
de los estudios exigidos para ser maestro en artes, desde la lógica hasta la moral, pasando por la filosofía de la naturaleza. Pierre Le Ridant, autor de las *Institutiones philosophicae* (Auxerre
y París, 1761), era un abogado autor de varias obras religiosas y
de derecho canónico. Altieri era un franciscano, cuyos *Elementa philosophiae in adolescentium usum ex probatis auctoribus
adornata* (con varias ediciones en Venecia y Madrid) llegaron
a ser muy populares en todo el mundo católico –ésta es la obra
que eligió Funes–. La más interesante desde el punto de vista
científico es la obra del franciscano Jacquier, *Institutiones Philosophicae ad studia theologicae potissimum accomodata* (Roma,
1757, 6 vols.). Jacquier fue el coautor con el padre Thomas Le
Sueur (o Lesueur) del comentario a los *Principia* traducido por
Celestino Mutis en Nueva Granada, y también escribió un libro
sobre cálculo diferencial. Vale decir que era un autor newtoniano –de hecho, sus *Institutiones philosophicae* son el único
caso de texto newtoniano estudiado por los profesores del Río
de la Plata (Lértora Mendoza, 1995)–. Parece que Funes estaba

familiarizado con él, porque lo cita *en passant* en un párrafo de su plan, cuando dice que la física deberá concentrarse en unos pocos puntos, pues "no es dado a los mortales, como dice el docto Jacquier, gustar de tantas maravillas" (citado en Ministerio de Justicia e Instrucción Pública, 1903: 10). El texto de Jacquier es el que en la reforma de 1787 había sido introducido en la Universidad de Valencia para uso de los estudiantes de teología por su rector, el padre Vicente Blasco y García, quien había sido preceptor de los hijos de Carlos III y simpatizaba con las ideas borbónicas (Goodman, 1983: 124).

Es evidente que los autores de tratados de filosofía de la naturaleza que Funes contemplaba tenían calificaciones científicas muy diversas. El tercer tomo de Altieri, dedicado a la física particular, expone de manera competente el sistema copernicano, newtoniano y de Tycho Brahe, y concluye que, si bien el copernicano es "omnibus simplicius et elegantius [el más simple y elegante de todos]", no se puede adoptar debido a las "Ecclesiae definitiones [definiciones de la Iglesia]"; pero sí es posible, sigue, "veluti hypothesim assumere ad explicanda coelestia phaenomena [adoptarlo como hipótesis para explicar los fenómenos celestes]" (Altieri, 1793, vol. III: 69) (véase más adelante la cuestión de Copérnico en el *Index*). En el tomo correspondiente a la física general de Altieri, se exponen seis "systemata principiorum mechanicorum [sistemas de principios mecánicos]": la "homeomería" de Anaxágoras según Lucrecio, el atomismo según Pierre Gassendi, la versión de Newton del atomismo, el sistema cartesiano, la noción de átomos inextensos de Gottfried Leibniz y Christian Wolff, y finalmente el de Roger Boscovich. El tratamiento de la mecánica es, digamos, semicuantitativo. Hay que recordar que este libro era de uso común en los establecimientos eclesiásticos de Europa y que estaba destinado a educar a los clérigos. En la nomenclatura de la época y en ese ambiente era una "física filosófica" y no una "física matemática". Como ya señalamos en la Introducción, la *physica* o física filosófica era filosofía de la naturaleza, concebida no en el estilo matemático que forjó Newton y desarrollaron los matemáticos franceses del siglo XVIII y comienzos del XIX, sino en un estilo escolástico, con tesis, objeciones, respuestas a las objeciones y conclusión. En los mejores casos, se introducían fragmentos de las obras de física experimental, ya que éstas no entraban en conflicto con lo que se puede considerar propiamente filosofía de la naturaleza –de ahí la aprobación de autores como Musschenbroek o Nollet–. A esto debe agregarse una generalizada tendencia al eclecticismo (con elementos peripatéticos, cartesianos, atomistas, newtonianos y "dinámicos", es decir, de la filosofía de la naturaleza de Leibniz).

Es con el espíritu de reformar este enfoque escolástico que Funes escribió su plan, en el cual –como ya vimos– recomienda "el auxilio de las experiencias" para enseñar la física. "Porque a la verdad, reducir el estudio de la física a la pura y mera especulación, es contraerse a nutrir el espíritu con teorías muchas veces incomprensibles y no menos peligrosas para la imaginación." Dado que las máquinas compradas por el Colegio de Montserrat a Altolaguirre en 1802 no habían sido usadas porque nadie las sabía manejar, sugiere contratar a un "maquinario" para ponerlas en funcionamiento, de modo que puedan ser trasladadas dos veces por semana del colegio al aula de física de la universidad (citado en Ministerio de Justicia e Instrucción Pública, 1903: 10 y 11).

Durante la primera mitad del siglo XVIII, al menos tres congregaciones generales de la Compañía de Jesús (la 15ª de 1706, la 16ª de 1730 y la 17ª de 1751) trataron de regular el ingreso del cartesianismo a la enseñanza de la filosofía natural mediante la estrategia de efectuar una síntesis de *physica* aristotélica y los aspectos experimentales de la filosofía cartesiana (Furlong, 1952: 159-168; Chiaramonte, 2007: 38-45). Esta repetida preocupación de las congregaciones generales jesuitas tenía su motivo en que, de hecho, Descartes se enseñaba con considerable entusiasmo en los colegios de la Compañía en Europa. En efecto, como mostró Dainville, los jesuitas franceses durante el

siglo XVIII fueron defensores de la filosofía de la naturaleza de
Descartes, por motivos "galicanos", por el hecho de que Newton
en Francia estaba asociado a Voltaire, quien lo introdujo en el
país, y porque el autor del *Discurso del método* parecía más "es-
piritualista" que Newton. En los cursos y en los textos de física
usados en los establecimientos educativos jesuitas de Francia,
como las *Observations curieuses* (1719) del padre G. H. Bou-
geant o las *Entretiens physiques* (1729) del padre N. Regnault, la
enseñanza se basaba sobre los "sistemas del mundo" y contenía
más o menos matemática y era más o menos filosófica o científica según el profesor –en general, la física "científica" se colaba
de contrabando–. La 17ª Congregación de la Compañía (1751)
recomendaba mantener "el método silogístico en las cuestiones
de física experimental". Muchos tratadistas jesuitas de "física"
(filosofía de la naturaleza) se oponían a Newton, como el *Traité
de physique sur la pesanteur universelle des corps* (1724) del padre Louis Bertrand Castel o las *Réflexions sur quelques points du
Système de Newton* (1728) del padre Aubert, pero había también
jesuitas newtonianos, como lo demuestra el *Dictionnaire de physique* (1758) del padre Paulian (véase Dainville, 1978). Por otro
lado, y además de la enseñanza, los jesuitas contribuyeron decidi-
damente a la física experimental del siglo XVII en el área de electricidad y magnetismo, como fue el caso de Niccolò Cabeo y el círculo
del Colegio Romano establecido alrededor de Athanasius Kircher,
en el cual sobresalieron autores como Gaspar Schott y Francesco
Lana, además de no jesuitas como Tomaso Cornelio y el mínimo
Emmanuel Maignan (Heilbron, 1979: 180-192).

Muchos de los tratados jesuitas incorporaban la física experimental, que no entraba en conflicto con la filosofía de la naturaleza de Aristóteles y que podía ser asimilada por ella (Ashworth,
1986). En ese sentido, se hacía valer la recién mencionada rica
tradición experimental de la Compañía, como también el fenómeno más general de la transformación de la física de los
Principia de Newton en una física newtoniana experimental,
que tuvo lugar en Leyden a partir de 1751 con Willem 's Grave-

sande y Pieter van Musschenbroek (Goodman y Russell, 1991: 261-264). Dentro de esta atmósfera científica, se formó el abate Nollet, quien, como ya vimos, difundió el programa experimental newtoniano en lo concerniente a la electricidad en Francia con sus *Leçons de physique expérimentale* (1738) en seis volúmenes, traducidas por el jesuita Antonio Zacagnini, preceptor en la corte de Carlos IV y profesor de física experimental en el Real Seminario de Nobles de Madrid (Arboleda, 1987: 15). En España, algunos jesuitas participaron del esfuerzo de renovación científica de Carlos III, tales los casos de Andrés Marcos Burriel, Tomás Cerdá y los jesuitas del imperio convocados para este fin, como Johannes Wendlingen y Christian Rieger (Navarro Brotóns, 2006).

En cuanto al Río de la Plata, el padre general Francisco Retz escribió el 8 de noviembre de 1732 al provincial del Paraguay para censurar "la excesiva libertad de opinión que tienen algunos de los maestros, sobre todo en la parte que trata de los principios y constitución del cuerpo natural, en la que dejada la teoría de Aristóteles siguen más bien a los atomistas"; y siguen diez proposiciones prohibidas (citado en Furlong, 1952: 168-170). Esta reprimenda muestra que en efecto *hubo* desobediencias heterodoxas en la enseñanza de la filosofía natural en Córdoba (aunque, lógicamente, estas novedades eran introducidas en una matriz escolástica).

En paralelo a lo que sucedía en Europa y en particular en España, las cátedras de las universidades coloniales de América estaban ocupadas por profesores que sólo tibiamente aceptaban las ideas de la revolución científica del siglo XVII. Un modo de evaluar la vitalidad de las instituciones de altos estudios es preguntarnos cuándo comenzaron a enseñarse en ellas los sistemas de Newton y Copérnico. Al llegar a Ecuador, los miembros de la expedición de La Condamine tomaron contacto con los jesuitas de Quito, lo que habría determinado la temprana incorporación de la enseñanza de Copérnico y de Newton en la Universidad San Gregorio Magno, antes de la expulsión de la Compañía de América. De los cursos manuscritos que quedaron como testimonio de ese estado de cosas, el más importante fue el que dictó el jesuita español Juan Hospital en los años de 1760-1761, al cual asistió el patriota Eugenio Espejo (Keeding, 1973). En Nueva Granada (actual Colombia) Newton ingresó por medio de José Celestino Mutis, que llegó a Bogotá como médico del virrey en 1761. Mutis fue un botánico, matemático y astrónomo que estudió ciencias y medicina en Cádiz y en Madrid (ya en América, fue ordenado sacerdote); director entre 1783 y 1808 de la Expedición Botánica del Nuevo Reino de Granada, enseñó las teorías copernicana y newtoniana en su cátedra de matemáticas en el Real Colegio del Rosario, en Bogotá. Este sabio estaba familiarizado con la edición de los *Principia* de Newton comentada, como hemos mencionado, por los mínimos Thomas Le Sueur (o Lesueur) y François Jacquier (1739-1742, 3 vols.), a la que tradujo parcialmente (Arboleda, 1987) –como vimos, Funes hubiera deseado usar los textos de Jacquier en Córdoba–. En el Perú, recién en 1793 la Universidad de San Marcos (Lima) aceptó el copernicanismo y la teoría de Newton, pero en el Real Convictorio de San Carlos de dicha ciudad la enseñanza newtoniana fue anterior (Keenan, 1993). En México, el proceso fue relativamente tardío. Aunque hubo una enseñanza temprana ecléctica de filosofía de la naturaleza (como, por ejemplo, los *Elementa recentioris philosophiae* [1774] del oratoriano Juan Benito Díaz de Gamarra), la "Disertación física sobre la formación de las auroras boreales" de Antonio León y Gama, un trabajo de cierta complejidad basado en la teoría de Newton, fue publicado recién en 1790 (Ramos Lara, 1995; Espinosa, 1995).

La introducción de Newton puede ser considerada como uno de los indicadores más sensibles de la renovación del sistema de educación científico-filosófica. Lértora Mendoza, que se ocupó extensamente del tema, sostuvo (a mi entender de manera convincente) que en realidad la incorporación tanto de los *Principia* como de la *Óptica* a los cursos de física general y particular en el Río de la Plata fue una asimilación a un discurso escolástico, pues se exponían las ideas newtonianas con ignorancia de las fórmulas y las nociones básicas, como las leyes del universo. En vez de eso, lo que quedaba era una discusión esencialista o por el lado de la causa eficiente (Lértora Mendoza, 1989: 398; 1993). La confusión proviene del hecho de que los profesores del Río de la Plata estaban convencidos de ser "modernizadores". En Córdoba, las tendencias eclécticas se manifestaron en el curso de física general y particular del jesuita Benito Riva (1762-1764), en el de metafísica y el tratado *De anima* del jesuita José Rufo (1766), en el de física del franciscano fray Cayetano Rodríguez (1782) y en el de física general del franciscano fray Elías del Carmen Pereyra (1784-1785) (Furlong, 1952: 179, 180 y 187-193; Zuretti, 1950; Lértora Mendoza, 1979, pássim). Aquí el discurso es el mensaje y sólo se puede recorrer la traducción castellana del curso de fray Elías para ingresar en una estructura mental que, en el mejor de los casos, podría calificarse como una "transformación conservadora" (Elías del Carmen, 1911). Lo que se conservaba era precisamente la estructura de razonamiento verbal cuya racionalidad descansaba en la lógica (aristotélica) y no en la matemática. Como es sabido, fue la matematización de la física lo que marcó gran parte de la nueva ciencia del siglo XVII.

Han quedado unas *Conclusiones sobre toda la filosofía*, defendidas en Córdoba en 1790 para el grado de licenciado y maestro en artes por los hermanos chilenos Francisco Javier y Francisco Genaro Martínez de Aldunate, con la presidencia de fray Elías del Carmen Pereyra (Martínez Paz, 1919). En la parte que corresponde a filosofía de la naturaleza de este breve impreso, se puede ver un sorprendente conjunto de enunciados aristotélicos, cartesianos, newtonianos y de otros autores secundarios, matizado con una retórica antiaristotélica. Los autores defienden la ley de caída de los graves de Galileo, la noción cartesiana de que lo que define a un cuerpo es su extensión, una explicación de la gravedad en términos del éter, la teoría corpuscular de la luz de Newton (suscripta "con ambas manos"), la explicación cartesiana [sic] de la reflexión de la luz, la idea de que en el universo no hay vacío pues todo él está ocupado por el éter (*contra* Newton), que los cometas no son exhalaciones de la atmósfera "como dijeron los Peripatéticos", "que ningún viviente nace de la corrupción, como hasta creyeron los Peripatéticos" y una versión de la teoría de los cuatro elementos de Aristóteles. En cuanto al sistema del mundo, los hermanos Aldunate sostienen que "de muy buena gana nos declaramos por el sistema de Copérnico, *tomado como hipótesis*" [el énfasis me pertence]. Los textos de la Sagrada Escritura que contradicen el sistema heliocéntrico son explicados como escritos "en sentido metafórico y acomodado al vulgo". A renglón seguido, afirman: "no nos parece que puede defenderse este sistema [el copernicano] *como tesis*; por lo cual sostendremos también que los partidarios de esta teoría no han aducido aún argumento alguno que pueda tenerse como demostración" [el énfasis me pertenece]. Es difícil concluir una posición consistente a partir de estas contradictorias declaraciones. El principal problema de la enseñanza de la filosofía natural en los tiempos virreinales no era la vetustez de la doctrina. De hecho, muchas proposiciones, tomadas de manera aislada, estaban de acuerdo con la física del siglo XVIII. El inconveniente principal era el enfoque escolástico, que resultaba en estos rompecabezas de encaje hechos de piezas pertenecientes a diferentes juegos.

En cuanto al Real Colegio de San Carlos en Buenos Aires, los esfuerzos históricos para tratar de demostrar que los autores que enseñaron filosofía de la naturaleza habrían estado al día no parecen, a mi juicio, haber tenido mayor resultado (cf. Lértora Mendoza, 1989). Furlong (1952: 487-522) los llamó: "los fisicistas". Se trata de profesores que actuaron en las dos últimas décadas del siglo XVIII: Juan José Paso, Melchor Fernández, Mariano Medrano, Manuel G. Álvarez, Diego Estanislao Zavaleta y Valentín Gómez. Para calibrar brevemente la enseñanza de filosofía de la naturaleza en el Real Colegio de San Carlos, basta decir que tanto Melchor Fernández (1792) como Valentín Gómez (1799) enseñaban la doctrina copernicana "como hipótesis" (Furlong, 1952: 494 y 501). Esto no era sólo cuestión de los profesores. En 1757 Benedicto XIV consideró aceptable la enseñanza de la doctrina copernicana, pero el *De revolutionibus* siguió en el *Index* –de hecho apareció en un *Index* publicado en Roma, en 1819–. Hubo un verdadero escándalo cuando a un astrónomo católico, Giuseppe Settele, se le negó el *imprimatur* por tratar el sistema copernicano como tesis, por lo que tuvo que intervenir el papa para censurar al censor. La obra de Copérnico ya no apareció en el *Index* de 1820 (Gingerich, 2002).

Chiaramonte ha analizado cómo en el Real Colegio de San Carlos, luego de la expulsión de la Compañía y liderado por el antijesuita Juan Baltasar Maziel, la enseñanza era moderadamente renovadora. En una presentación al virrey de 1785 sobre la cátedra de filosofía del Colegio San Carlos, Maziel señalaba: "yo no comprendo qué principios de la Física moderna tengan oposición con el Dogma, cuando veo éste perfectamente explicado en cualquiera de los sistemas contrarios a Aristóteles" (citado en Chiaramonte, 2007: 124-127). Adviértase que Maziel sigue pensando en términos de "sistemas", es decir, "sistemas [de filosofía natural]", o sea, dentro del marco de exposición de la *physica* o cosmología.

Desde cierto punto de vista, parece bastante más novedosa la introducción de las matemáticas en la enseñanza preconizada por la *Ratio studiorum*. En efecto, su enseñanza fue característica de los colegios jesuitas de Europa, Asia y América, y una de las razones que llevó a que los miembros de la Compañía alcanzaran relevancia como matemáticos, astrónomos y geógrafos. Sin embargo, se debe tener en cuenta que, fieles al marco de la filosofía natural aristotélica, las matemáticas permanecieron *separadas* de la física en el currículo jesuita.

La enseñanza de la matemática en Córdoba no se incorporó hasta la actuación del jesuita Domingo Muriel, el renovador maestro de filosofía de Córdoba que enseñó allí entre

1749 y 1751. En un texto de rememoración juvenil, su alumno, el padre Miranda, dice que Muriel "nos dictó también un excelente epítome de matemáticas, que sacó de las obras del Padre Dechales" (citado en Furlong, 1952: 179). El jesuita francés Claude François Milliet Dechales fue autor de un texto sobre Euclides y de un *Cursus seu mundus mathematicus* (Lyon, 1674). Probablemente el nivel no haya sido muy avanzado, como tampoco lo fue el del curso de matemáticas que instauró Funes mucho después de que los jesuitas fueran expulsados. Entre Muriel y Funes está el hecho de que en la 16ª Congregación Provincial celebrada en 1762, cinco años antes de la expulsión, se decidió pedir al padre general la creación de una cátedra de matemáticas para Córdoba. Entre los considerandos debe destacarse el tercero: "Si no se sabe matemáticas es imposible llegar a saber bien la física tan recomendada por las últimas Congregaciones Generales". Las que le siguen tienen que ver con las aplicaciones de las matemáticas en el contexto de las misiones, a saber, la geografía y las "artes mecánicas". La solicitud fue concedida por el general y la cátedra se creó en 1763 (Furlong 1952: 181). Furlong afirma que fue creada a instancias de Thomas Falkner, quien había sido "discípulo de Newton". Que la cátedra fue fundada por inspiración de Falkner es indemostrable (e irrefutable). En otra parte creo haber demostrado de una buena vez por todas que Falkner no fue y no pudo haber sido de ninguna manera discípulo de Newton, lo cual es repetido por todos sus biógrafos y comentadores (Asúa, 2006). Pero hubo un jesuita que trabajó en teoría newtoniana en el Paraguay: Buenaventura Suárez, quien probablemente fue el primer lector de literatura newtoniana en el Río de la Plata (Asúa, 2004a). Suárez fue el traductor de la *Theorica verdadeira das marés, conforme à philosophia do incomparable cavalhero Isaac Newton* (Londres, 1737), de Jacob de Castro Sarmento. Este astrónomo trabajó toda su vida en las misiones, es decir que no enseñó en Córdoba. Como muchas veces, es posible ver la fractura entre la práctica de la ciencia y su enseñanza, favorecida quizás por el habitual conservadurismo de las instituciones educativas.

Los proyectos de colegios con enseñanza científica en 1812

Desde la expulsión de los jesuitas en 1767, hubo serios intentos por parte de los virreyes y de los cabildos eclesiástico y civil de crear una universidad en Buenos Aires. Lo que resultó de este movimiento fue que, en enero de 1772, Vértiz –a poco de asumir como gobernador de Buenos Aires– logró que la Junta de Temporalidades estableciera los Reales Estudios, financiados con el producto de la botica que había pertenecido a la Compañía. Estos Reales Estudios o Real Colegio de San Carlos consistían en una estructura para la enseñanza elemental y en cátedras de gramática (latín) y filosofía. Vértiz nombró cancelario a Baltasar Maziel y profesor de la primera cátedra de filosofía a Carlos J. Montero. Luego se agregó una segunda cátedra de filosofía a cargo de Vicente Jaunzaras (de tal modo que en 1773 funcionaban las dos cátedras). Posteriormente, en 1776, se agregaron dos cátedras de teología (Pabst, 1924: xcli-cxlv; Salvadores, 1961a; Lértora Mendoza, 1999: 388-390). La cátedra de latín y las de filosofía constituían lo que hoy podría equipararse con lo que conocemos como "enseñanza media". Este tipo de educación (primeras letras, gramática, filosofía y teología) también se ofrecía en los conventos: el de Santo Domingo, el de San Francisco y el de la Merced. Los betlemitas y las parroquias tenían sólo enseñanza de primeras letras. En 1773 había en total 144 jóvenes que cursaban gramática, 77 seguían los cursos de filosofía y 16 los de teología (Pabst, 1924: cxlvi). El 3 de noviembre de 1783 Vértiz, ya como virrey, creó el Real Convictorio Carolino, un internado cuyas clases se dictaban en los Reales Estudios o Real Colegio de San Carlos, que funcionaba en el antiguo Colegio Máximo de los jesuitas (debe advertirse que el convictorio funcionaba como una residencia y que, a los fines de la enseñanza, estaba fusionado con los Reales Estudios). Después de las invasiones inglesas este sistema educativo pasó a tener una precaria existencia, ya que éstas señalaron la disolución del Real Convictorio Carolino, transformado en cuartel, y sólo siguieron funcionando a medias los Reales Estudios o Real Colegio de San Carlos (Salvadores, 1961a). Durante los años inmediatos a 1810, la situación era penosa y los proyectos que veremos en esta sección fueron intentos (inefectivos) de solucionar ese estado de cosas. Los estudios de teología continuaron ininterrumpidamente. En junio de 1817 el director Pueyrredón decretó el restablecimiento del Real Colegio de San Carlos como Colegio de la Unión del Sud, que fue inaugurado el 16 de julio de 1818. Lo importante para nuestro argumento es que los dos proyectos de colegios del año 1812, debidos respectivamente al Primer y Segundo Triunvirato, pusieron el acento en la enseñanza de las ciencias.

La *Gaceta* del 7 de agosto de 1812 publicó un aviso oficial en el cual se anunciaba la creación o más bien se esperaba recibir suscripciones para hacerlo, de un "establecimiento literario en que se enseñe el derecho público, la economía política, la agricultura, las ciencias exactas, la geografía, la mineralogía, el dibujo, lenguas, etc.", a cargo de "profesores de Europa que se han mandado venir". Los padres no tendrían que separarse de sus hijos, se decía, para que éstos estudiasen en el extranjero, pues "cerca de sí y a su propio lado verán formarse al químico, al naturalista, al geómetra, al militar, al político, en fin, a todos los que con el tiempo deben ser la columna de la sociedad y el honor de sus familias" (núm. 18, p. 73; vol. III: 261). La lista es significativa, pues la encabezan profesiones que representan las ciencias naturales y exactas –aunque, por contraste, en la enumeración inicial, éstas son mencionadas *después* del derecho público y la economía política–. La siguiente semana, la *Gaceta* registró suscripciones de tres "extranjeros virtuosos y amantes de la libertad": míster Juan Thwaites, míster Roberto Orr y míster Federico Heathfield (*Gaceta*, 14 de agosto de 1812, núm. 19,

p. 77; vol. III: 265). Manuel Pinto estaba próximo a partir a Londres y el Triunvirato le entregó 20.000 pesos para la compra de armas y 7.000 pesos para la contratación de profesores. En las instrucciones del 7 de septiembre de 1812 Rivadavia estableció que Pinto debía tratar de contratar dos profesores de matemáticas, uno de física experimental, uno de química, uno de mineralogía, un arquitecto y dibujante, un grabador y un profesor de economía política. Es evidente el énfasis decidido y casi excluyente en las ciencias exactas y naturales, con cierto acento en las matemáticas y el consiguiente descuido de la historia natural (lo que refleja bastante bien los contenidos de la biblioteca rivadaviana). El representante debía preferir "los españoles a los extranjeros en igual mérito", en su defecto, franceses e italianos, por el idioma, y de no ser posible, recurrir a ingleses y alemanes. Se les otorgarían "sueldos proporcionados para su decorosa existencia" (citado en Palcos, 1936: 119, 120 y 281). Más adelante fue el mismo Rivadavia el canal a través del cual arribaron personalidades científicas al Río de la Plata, como lo testifican los casos de Lanz, Bonpland, los liberales piamonteses Pedro Carta Molino, Carlos Ferraris, Octavio F. Mosotti y el francés Roman Chauvet. En lo inmediato, el Primer Triunvirato cayó a comienzos de octubre de 1812, un mes después de haber redactado las instrucciones para la contratación de los profesores extranjeros que nunca llegaron.

Mientras tanto, el 12 de diciembre de 1812, el gobierno del Segundo Triunvirato (Juan José Paso, Nicolás Rodríguez Peña y Antonio Álvarez Jonte) expidió un decreto por el que se designaba a Cosme Mariano Argerich (a la sazón conjuez del Tribunal del Protomedicato), a Diego Estanislao Zavaleta y a Luis Chorroarín (estos dos últimos antiguos profesores de filosofía del Real Colegio de San Carlos) para diseñar un "Colegio de Ciencias" que fuese "capaz de hacer progresar a los alumnos y la elección de materias a que han de dedicarse, siendo en todo conforme a los principios liberales que ha proclamado el gobierno". Éste debía subvencionarse con los fondos del Seminario y del Real Colegio de San Carlos, que en la práctica no estaba en funcionamiento (Molinari, 1957: 447; Cantón, 1921: 382). Un anuncio del 1° de enero de 1813 en la *Gaceta* proclamaba que se inauguraría "un colegio de medicina y demás estudios generales" y expresaba que "entonces se completará aquella época de esplendor que consiguen los estados libres por las ciencias, la industria y el comercio" (*Gaceta*, 1° de enero de 1813, núm. 39, p. 181, vol. III: 369). Esta noticia se refiere, con toda verosimilitud, a la institución cuya ejecución fue encomendada por los triunviros a Argerich, Chorroarín y Zavaleta. La mención en la *Gaceta* del "colegio de medicina" sugiere que Argerich podría ya haber albergado planes de establecer su Facultad Médica y Quirúrgica independiente, como en efecto sucedió, tal como vimos, con la creación del Instituto Médico Militar por la Asamblea del año XIII.

CONCLUSIONES

Algo es evidente (era de esperar) y es que la actividad científica más dinámica o avanzada no estaba localizada en las instituciones educativas del Virreinato. La Revolución de Mayo no cambió demasiado este estado de cosas, aunque sí se agitaron las aguas y hubo proyectos para reformar la enseñanza, como los "colegios de ciencias" de Buenos Aires y la reforma de la Universidad de Córdoba por el deán Funes. Mucho se ha discutido sobre la profundidad de los cambios en la enseñanza de la filosofía durante la segunda mitad del siglo XVIII en conexión con la cuestión de hasta qué punto las ideas de la Ilustración ingresaron a las aulas de Córdoba y de Buenos Aires. También se han encrespado las aguas en relación con el papel (conservador o renovador) desempeñado por los jesuitas durante su largo predominio en la educación rioplatense (desde comienzos del siglo XVII hasta 1767). En lo concerniente a la historia de la ciencia, creo que a esta altura ya está bastante claro que hay que preguntarse sobre qué tipo de transformaciones específicas ocurrieron en relación con su enseñanza, cómo se efectuó la recepción de las grandes teorías de la revolución científica, qué bibliografía se utilizaba en comparación con otras universidades de Hispanoamérica y cuestiones de este tenor. La llamada "física" era, como ya se señaló, filosofía natural. El enfoque cuantitativo, la aplicación de la matemática a la física, era por definición ajeno a la enseñanza de la filosofía de la naturaleza. Hubo, sí, intentos de cambiar este estado de cosas. Pero creo que la figura de Maziel ha sido sobrestimada en el sentido de su efectividad renovadora, ya que la enseñanza de la *physica* en el Real Colegio de San Carlos durante las dos décadas anteriores a la Revolución de Mayo no fue demasiado diferente de la vigente en Córdoba. Funes parece haber tenido bastante más clara la importancia de la incorporación de la física experimental a la enseñanza de la filosofía de la naturaleza y la significación de las matemáticas –y en esto, paradójicamente, quizás sea relevante tener en cuenta que se había formado en una universidad jesuita–. Pero aun así, ninguno de estos intelectuales disponía de los recursos conceptuales necesarios para poder comprender en profundidad las cuestiones planteadas por la ciencia de fines del siglo xviii, por el sencillo hecho de que su formación científica era limitada.

Si hubo enseñanza de la ciencia en los años previos y posteriores a Mayo, ésta tuvo lugar en las escuelas profesionales: la Escuela de Náutica, las sucesivas academias de matemáticas y la Escuela de Medicina del Protomedicato. Los años 1799 y 1801 (que vieron abrirse a la Academia de Náutica y a la Escuela de Medicina, respectivamente) deberían ser considerados como el inicio de la enseñanza de las ciencias en Buenos Aires. La carencia de universidad pudo haber contribuido al surgimiento de esta enseñanza profesional (ingeniería y medicina) que descansaba sobe una base científica. A su vez, estas instituciones son las que, con la Revolución, se militarizaron. Es posible concluir, entonces, que la enseñanza de la ciencia fue captada y transformada por el proceso independentista para sus propios fines.

VIII. CONTEXTO Y RECAPITULACIÓN

PARA FINALIZAR, conviene echar una ojeada a los cambios en la organización y el cultivo de la ciencia provocados por dos revoluciones, la de Estados Unidos y la francesa. Hablar de una "ciencia revolucionaria" en abstracto es correr el peligro de alimentar entelequias ajenas a lo concreto de la historia. Pero si no perdemos la inmediatez de la textura histórica de cada caso, podremos familiarizarnos con el espectro de transformaciones sufridas por la ciencia en una situación de cambios políticos repentinos y violentos. Ése es el limitado objetivo de nuestra brevísima reseña, que por cierto no aspira a analizar las influencias en el Río de la Plata del pensamiento de la Revolución Francesa o de los "padres fundadores" estadounidenses. El tercer punto de esta triangulación, lo que sucedió durante las guerras de independencia en otras regiones de Iberoamérica, lo consideraremos en la recapitulación.

"Eripuit caelo fulmen, sceptrumque tyrannis." Ciencia en la revolución de las colonias inglesas de América del Norte

Esta frase latina ("arrancó el rayo al cielo y el cetro a los tiranos"), pronunciada por el economista francés Turgot sobre Benjamín Franklin, expresa concisamente la síntesis de ciencia y revolución que encarnó el inventor del pararrayos. ¿Cuál era el estado del cultivo de la ciencia en las colonias inglesas durante el siglo de Franklin? Concentrada en los dos centros urbanos de Boston y Filadelfia, y, en menor medida, en Charleston (Carolina de Sur), la ciencia experimentó un florecimiento modesto pero perceptible entre 1715 y 1775. La pequeña hoguera científica de Nueva Inglaterra previa a la revolución fue encendida por el ministro puritano de Boston, Cotton Mather, quien en su obra *The Christian Philosopher* (Londres, 1715) dejó el primer testimonio escrito sobre hibridización de plantas, un tema que sería repetido por Paul Dudley, también de Nueva Inglaterra, en un artículo publicado en las *Philosophical Transactions* de 1724. Mather también desplegó una intensa campaña a favor de la variolización, como hemos visto, ante la epidemia de viruela que azotó a Boston en 1721. Un solo médico respondió a las urgencias del pastor, Zabdiel Boylston, quien inoculó a 286 pacientes.

La segunda generación de científicos de Nueva Inglaterra estuvo constituida por los profesores de filosofía natural de Harvard. El más importante fue John Winthrop, quien introdujo la enseñanza del cálculo diferencial en Harvard, continuó la tradición de observación astronómica iniciada por sus antecesores y publicó en las *Philosophical Transactions* un reporte sobre el terremoto de 1755 en el que especulaba acerca de la transmisión ondulatoria de este fenómeno en la corteza terrestre.

En el área de Filadelfia conviene mencionar a Thomas Godfrey, inventor de un cuadrante para determinar la latitud; a John Bartram, el primer botánico nacido en lo que después fue Estados Unidos y protagonista de una serie de expediciones botánicas desde Pittsburgh hasta Florida; y a David Rittenhouse, quien construyó un modelo mecánico del sistema solar a cuerda (*orrery*) y el primer telescopio de Estados Unidos en 1769. Las sociedades letradas más importantes fueron la American Philosophical Society de Filadelfia (1769, pero con antecedentes que se remontan a 1743) y la American Academy of Arts and Sciences, de Boston, creada en 1780, es decir, después de la revolución. En conjunto, los colonos publicaron en las *Philosophical Transactions of the Royal Society* 113 trabajos entre 1665 y 1774 (Brasch, 1916; Kilgour, 1967). En el sur, el médico y naturalista escocés Alexander Garden, de Charleston (Carolina del Sur), cultivó en el período prerrevolucionario la historia natural (en particular la botánica) y estableció una red de comunicación con Gran Bretaña y con Linneo. Al estallar la guerra, se declaró a favor del bando británico, con lo cual se vio obligado a emigrar.

La ciencia en el período prerrevolucionario estaba organizada en torno a la actividad de individuos interesados que se comunicaban más con la metrópoli que entre sí. Las visitas de extranjeros servían como elemento de reunión de estos personajes, a veces separados por grandes distancias. Paulatinamente se fueron constituyendo las asociaciones mencionadas, cuyos miembros compartían intereses científicos, filosóficos y literarios. Los entusiastas de la ciencia reunían bibliotecas, compraban instrumentos y emprendían colecciones de historia natural que posibilitaban los intercambios de libros, especímenes e información (Kohlstedt, 1985: 19-21).

El más conocido científico de Filadelfia fue Benjamín Franklin, quien comenzó a interesarse en la filosofía de la naturaleza cuando estuvo en Londres entre 1724 y 1726. Con su personalidad, su acción y su influencia, Franklin encarnó el papel de la ciencia y la técnica en el proceso político y en la tormenta de ideas que condujeron a la Independencia. Tanto o más que un pensador social y un estadista, Franklin fue un filósofo de la naturaleza, y de tal magnitud que contribuyó de modo efectivo a la edificación de la teoría eléctrica. Los fenómenos de atracción y repulsión de cuerpos cargados estáticamente eran explicados por la hipótesis de dos tipos de electricidad, basada sobre los cuidadosos experimentos de Charles François Du Fay. Éste distinguió entre una electricidad "vítrea" (resultado de frotar vidrio) y una "resinosa" (resultado de frotar ámbar o sustancias similares). Nollet propuso la hipótesis de que estas dos electricidades se debían a que microscópicos chorritos de "efluvio" o fluido eléctrico se desprendían del cuerpo electrizado o llegaban a éste (vidrio o ámbar), con lo cual se podían explicar los fenómenos de atracción y repulsión de pequeñas partículas. En su *Experiments and Observations on Electricity* (1749) Franklin propuso una teoría eléctrica de un solo fluido, que con-

cebía como una "atmósfera" que rodeaba los cuerpos electriza-
dos y que atraía y repelía por presión, más que por el impacto
de un invisible viento o efluvio eléctrico, como en la teoría de los
dos fluidos. La fama europea de Franklin fue enorme. El comité nombrado por la Académie des Sciences para investigar los
experimentos de Franz Anton Mesmer y su *baquet* –con la que
"mesmerizaba" de manera espectacular a las damas parisinas–
estuvo compuesto por Lavoisier, Jean Sylvain Bailly, Franklin e
irónicamente, dado el curso posterior de los acontecimientos,
por el doctor Joseph-Ignace Guillotin. El "electricista" Franklin
también propuso una teoría sobre el funcionamiento de la ja-
rra de Leyden (el primitivo condensador) y, como sabemos, sugirió que las tormentas son fenómenos eléctricos e inventó el
pararrayos. Su inclinación por la invención de dispositivos de
uso práctico y beneficioso para la sociedad lo transformaron en
el tipo de hombre de ciencia aceptable para la imaginación del
pueblo de Estados Unidos: no un teórico ocioso y abstracto, sino
un benefactor social que traduce principios en resultados técnicos (Cohen, 1981).

Thomas Jefferson, el tercer presidente de la Unión (1801-
1809), fue también una notable figura científica en su particular estilo, una persona universal que unió la acción pública
con intereses intelectuales como la paleontología, la arqueología y la arquitectura. Jefferson fue una de las voces que se alzó
contra la teoría del abate Raynal, Cornelius de Pauw y Buffon
acerca de la inferioridad de la naturaleza americana y de sus
criaturas, por lo cual envió huesos de mastodonte a Francia
para demostrar lo contrario. Sus argumentos quedaron registrados en sus *Notes on the State of Virginia* (1788). Jefferson
fue presidente de la American Philosophical Society, redactó
las instrucciones para el viaje de Meriwether Lewis y William
Clark al Pacífico, fue inspirador de la creación del National
Bureau of Standards (1790), creador del Observatorio Naval,
la Oficina Hidrográfica e inventor de la Oficina de Patentes de
Estados Unidos (Brasch, 1943).

La influencia de la filosofía de la naturaleza de Newton en los "padres fundadores" fue profunda, y esto se puede decir en particular de Jefferson, en cuya biblioteca pululaban las obras newtonianas. Como argumentó I. B. Cohen, la retórica del newtonianismo aparece con frecuencia en los escritos políticos de la Independencia y aún sería perceptible en la Declaración de la Independencia redactada por Jefferson. Esta adhesión al pensamiento de Francis Bacon, John Locke y Newton constituía un fondo común con la madre patria: en 1778 las hostilidades de la guerra de la Independencia cesaron por tres días para que pudiese trabajar en paz una expedición docente organizada por el Harvard College, con el fin de observar un eclipse de Sol desde territorio ocupado por los realistas (Cohen, 1976).

Más allá de esta anécdota amable, lo cierto es que la guerra de la Independencia de las colonias tuvo un efecto de desorganización en la frágil situación de la ciencia. Las sociedades científicas como la American Philosophical Society y la Virginia Society for Advancing Useful Knowledge casi colapsan. Franklin se dedicó a la política, Rittenhouse tenía poco tiempo para otorgarle a la ciencia, y los lazos con Inglaterra y Escocia se debilitaron. A diferencia de la ciencia, la ingeniería salió fortificada de la guerra debido a que los esfuerzos se concentraron en las aplicaciones militares. Prueba de esto son los casos de las bombas de tiempo y el submarino (la "tortuga"), obras del estudiante de Yale David Bushnell o los más de 275 mapas topográficos del teatro de operaciones que el ingeniero escocés Robert Erskine, "Geógrafo y Topógrafo del Ejército Continental" desde 1777, confeccionó para George Washington. La retórica revolucionaria con frecuencia asociaba la futura grandeza nacional con el interés por la ciencia que el nuevo país se sentía llamado a cultivar (York, 2001).

Franklin quizás no tuvo en el Río de la Plata la repercusión que pudo haber tenido en otras partes de América (Glick, 1991), pero, como ya vimos, su nombre era conocido entre los habitantes educados de Buenos Aires. En una carta fechada el 17 de julio de 1790, un fraile dominico le contaba a un socio de religión que, mientras caminaba por dicha ciudad, había encontrado a unas personas de luto y, al preguntar a un amigo cuál era la causa, le dijeron que eran bostonianos que lloraban la muerte de Benjamín Franklin, ocurrida el 17 de abril de 1790 (Furlong, 1956).

"LA RÉPUBLIQUE N'A PAS BESOIN DES SAVANTS."
LA CIENCIA EN LA REVOLUCIÓN FRANCESA

La famosa (y probablemente apócrifa) frase "La República no necesita sabios" habría sido pronunciada por un miembro del tribunal que condenó a Lavoisier cuando éste pidió dos semanas de gracia para concluir un experimento. La Revolución Francesa operó como un movimiento geológico que hunde grandes masas de tierra mientras que eleva otras. En efecto, su acción destructiva de instituciones y personas fue compensada por el fermento creativo que dio a la ciencia francesa el impulso para alcanzar la que quizás fue su hora más gloriosa.

En 1789, el gran año de la Revolución, vieron la luz el *Traité élémentaire de chimie* de Lavoisier, los *Genera plantarum* de Antoine Laurent de Jussieu y la *Nosographie philosophique* de Philippe Pinel. La ciencia de Francia alcanzó su máxima influencia internacional en el curso de las décadas que precedieron a la Revolución y de las que desembocaron en la restauración borbónica. La mayor parte de los *savants* que otorgaron brillo intelectual a esos convulsionados y sangrientos años tuvo algún tipo de participación política activa o, al menos, contribuyó intelectualmente al encendido debate de las ideas: Lavoisier, Fourcroy, Guyton de Morveau, Coulomb, Berthollet, Monge, Lagrange, Laplace, Lacépède, Cuvier, Lamarck, Daubenton, Geoffroy Saint-Hilaire y tantos otros. El Terror cobró la vida de tres de ellos. La del astrónomo Bailly, miembro de la Asamblea Nacional y primer alcalde (girondino) de París; la de Lavoisier, quien había colaborado de tantas maneras en la primera etapa de la Revolución e, indirectamente, la de Condorcet, quien se suicidó, tal vez con el veneno proporcionado por su amigo, el médico y filósofo Cabanis. Las cabezas de los científicos que rodaron bajo la guillotina fueron sustituidas por otras puestas al servicio de la tecnología militar y naval: el matemático Monge (ministro de Marina), el ingeniero Lazare Carnot (ministro de Guerra), el químico Fourcroy (director de la fabricación de pólvora) (Guerlac, 1955).

Excepción hecha del Muséum, todas las otras grandes instituciones científicas francesas surgieron de la reacción de Thermidor y se construyeron sobre la desolada *tabula rasa* que dejaron los jacobinos, quienes barrieron con todo el sistema de educación del *ancien régime*. El decreto de la Convención del 15 de septiembre de 1793, por ejemplo, eliminó de un solo golpe los *collèges* y las universidades. La misma Convención creó el Institut de France, como instancia de enseñanza superior que reuniría a las disueltas academias. En 1795 la Académie des sciences, suprimida en agosto de 1793, pasó a ser una de las tres secciones del Institut con sesenta miembros. (A la larga, el Institut fue agrandado, mudado a su actual sede y promovido de tal manera que es apropiado considerarlo como una institución napoleónica.) Los colegios fueron reemplazados por las *écoles centrales*, que debían cumplir funciones de enseñanza media y superior a la vez, pero fracasaron. En la práctica, el famoso Collège de France fue el único lugar de enseñanza superior durante esos años. Asimismo, la Convención creó las *écoles de santé* (en París, Estrasburgo y Montpellier) para reemplazar a las suprimidas facultades de medicina. También estableció el Conservatoire des arts et métiers y la École normale supérieure (École normale del año III), que durante su breve vida de unos meses fue una suerte de "universidad popular" donde se dictaban clases de todo tipo (Napoleón la reabrió con el objetivo de difundir la doctrina imperial). Quizás la creación más exitosa de la Revolución Francesa haya sido la École Polytechnique, creada sobre la base de la fusión de varias escuelas de ingeniería, como la militar de Mézières y la de Ponts et chaussées. La École Polytechnique albergaría a un incomparable conjunto de matemáticos, físicos y químicos como Laplace, Lagrange, Monge y Berthollet. Entre sus alumnos y sucesores, estuvo la gran constelación de estrellas de las ciencias exactas que actuaron en las décadas de transición: Cauchy, Poisson, Arago, Sadi Carnot, Malus, Gay-Lussac, Dulong, Petit y tantos otros. La Polytechnique –que no era la universidad, sino que dependía del Ministerio de Guerra– fue la primera del sistema de *grandes écoles* profesionales que se habría de afirmar a partir de Napoleón (D'Irsay, 1933-1935, vol. II: 137-158; Guerlac, 1955). La única institución que sobrevivió el Terror y salió revitalizada debido a las transformaciones sufridas durante ese período fue el Muséum d'histoire naturelle, que sustituyó al Jardin du roi y en el que trabajaron los grandes naturalistas franceses de fines del siglo XVIII: Daubenton, Jussieu, Saint-Hilaire, Lamarck. En este museo se crearon 12 cátedras, de las cuales surgió la sólida tradición francesa de anatomía comparada y biología experimental (Gillispie, 1959).

"Que todo el que lo quiera sea un sabio. ¡Oh feliz libertad!", exclamó Jean Dominique Cassini cuando fue expulsado de su puesto de director del Observatorio de París por sus asistentes, después de que su familia hubiera mantenido ese puesto por cuatro generaciones –con notable distinción para la ciencia de Francia, debe decirse–. En su discurso público, los *sans-culottes* fomentaron las metáforas tomadas de la historia natural, considerada una ciencia más "democrática" que la abstracta física. El entusiasmo por la historia natural era unánime y sin duda este clima de opinión contribuyó al destino feliz del Muséum. Según el modelo forjado por Rousseau en las *Confesiones de un paseante solitario* y en las *Lettres élémentaires sur la botanique* dirigidas a madame Delessert para que educara a su hijita de cinco años en botánica, una ciencia accesible a todos por igual. En la supresión de la Académie se filtraba un *odium* contra la matemática y lo que se entendía como el privilegio arrogante de las ciencias exactas. Como afirmó Charles Gillispie, si por un lado la ciencia francesa tenía su cabeza en las nubes de la precisión matemática y la elegancia teórica del análisis posnewtoniano, sus pies se afirmaban en el utilitarismo popular, romántico y entusiasta de la *Encyclopédie*. El espíritu democratizador y antiaristocrático se derramaba en un exceso autodestructivo. La dirección del comité para la reforma de los pesos y medidas estaba a cargo de un ingeniero militar sin demasiadas luces, un tal Prieu de la Côte-d'Or, quien de modo un tanto incongruente se sentaba al lado de Delambre, Lavoisier, Laplace, Lagrange y Coulomb. El 23 de diciembre de 1793 éstos fueron dados de baja por el Comité de Salvación Pública, con el argumento de que el Estado debería asignar tareas sólo a personas "dignas de confianza por sus virtudes republicanas y su odio a los reyes". Los artesanos jacobinos aspiraban vagamente a poner la ciencia –en particular, la química– al servicio de las artes y de las industrias que ellos cultivaban (Gillispie, 1959).

A lo largo de los años de la Revolución aparecieron varias iniciativas con el objetivo de popularizar la ciencia. Por ejemplo, la "Sociedad de 1789" –fundada en abril de 1790 y en la que participaban varios científicos, además de personas públicas como Talleyrand, Mirabeau y Dupont de Nemours–, que editaba una revista periódica en la cual se publicaron muchos artículos de química aplicada. Como proyectos de educación científica popular deben contarse varias iniciativas tempranas de la Revolución: las clases en el Lycée de París; las más famosas del Lycée des Arts, creado en 1792 y que floreció durante el Terror con los científicos más radicalizados, como Berthollet, Fourcroy, Daubenton y Jussieu; la Société d'Histoire Naturelle, creada después de la Revolución, y la Société philomatique, que levantó vuelo con la supresión de la academia en 1793. Gran parte de la producción científica estuvo dirigida al género de la popularización rigurosa, lo que se observa sobre todo en los textos de matemáticos como Monge (su famosa geometría descriptiva fue el resultado de un curso), Pierre Laplace (*Système du monde* y el *Ensayo sobre probabilidades*), Lagrange y Legendre. Las *Lecciones sobre anatomía comparada* fueron el resultado de conferencias de Cuvier en el Collège de France, y Lamarck presentó su propuesta evolutiva en sus legendarias clases en el Muséum a partir del año VIII de la Revolución (Guerlac, 1955; Gillispie, 1959).

Mientras París declaraba el año I de un nuevo orden y Maximilien Robespierre ingresaba al Comité de Salud Pública, en el lejano Virreinato del Río de la Plata el virrey Nicolás Arredondo enviaba a la mina La Carolina de San Luis, al pie del cerro Tomolasta, un ensayador para mejorar la producción de esta explotación aurífera descubierta una década atrás. Se trataba de José María Caballero, que había sido alumno del Real Seminario de Minería de México, recientemente creado. No conforme con proponer la construcción de una maquinaria para moler minerales y de regular los métodos de extracción, Caballero comenzó a vociferar su apoyo a Francia y a la Revolución Francesa "esparciendo que el hombre nació libre; que, como tal, debe obrar; que en todo debe serlo; que los franceses han abierto los ojos a las demás naciones en los goces de la libertad". Más aún, en un pleito con el veedor y abogado de la Audiencia de Buenos Aires, el joven metalurgista protestó que no se afeitaría, "con la expresión de que su barba se habría de lavar con sangre". El gobernador intendente de Córdoba, marqués de Sobremonte, ordenó instruir un proceso y pronto el "jacobino" fue apresado y trasladado a Córdoba, mientras se tomaban las declaraciones de los testigos (Grenón, 1928).

La cultura científica del Río de la Plata
EN EL CONTEXTO IBEROAMERICANO

¿Cómo podemos situar la cultura científica del Río de la Plata en los tiempos de la Independencia en el más amplio contexto hispanoamericano? Lejos de los centros de poder español en América, el Río de la Plata careció de las instituciones científicas que podían encontrarse en México, el Perú o Nueva Granada (actual Colombia). Este rasgo de frágil institucionalización fue distintivo de la situación rioplatense. Ni en Córdoba ni en Buenos Aires hubo nada parecido al Colegio de Minería de México, ni al Observatorio Astronómico de Santafé de Bogotá. La Escuela de Medicina del Protomedicato de Buenos Aires apenas podía compararse en magnitud con el Anfiteatro Anatómico de la Universidad de San Marcos y el Real Colegio de Medicina y Cirugía de San Fernando de Lima. En este sentido, la situación rioplatense era más parecida a la de las trece colonias de América del Norte, en las que, como vimos, salvo por las asociaciones científico-filosóficas y los esfuerzos individuales, no se puede hablar de institucionalización de la ciencia. Tanto allí como aquí, durante el período prerrevolucionario, la ciencia giró en buena medida alrededor de las actividades de los entusiastas de la historia natural o de la física experimental.

En el caso del Virreinato de Nueva España (México), las instituciones científicas competían en magnitud con las metropolitanas. Pero alrededor de su creación, cristalizó el conflicto entre los científicos y médicos criollos y los españoles. Resultado de las reformas borbónicas fue, por ejemplo, el Real Colegio de Cirugía de México (1768), creado en paralelo a otros colegios quirúrgicos de España que aspiraban a actualizar y hacer más técnica la enseñanza. Esta institución sufrió la oposición del Tribunal del Protomedicato de México, así como el Real Jardín Botánico (1788) sufrió la del padre Juan Antonio Alzate, médico que reivindicaba un estudio de las drogas vegetales basado en la tradición indígena y en su preparación. El mexicano Alzate lideraba la oposición a la nomenclatura y clasificación de Linneo, que la expedición botánica a Nueva España de Martín Sessé aspiraba a imponer, en cumplimiento de las instrucciones de Casimiro Gómez Ortega, director del Jardín Botánico de Madrid (Glick 1991: 313). La fuerte tradición aborigen de minería de Nueva España (el proceso de amalgama, es decir, la extracción de la plata del mineral por medio del mercurio, fue inventado por Bartolomé de Medina, en Zacatecas, en 1555) tomó forma en el impulso de Juan Lucas de Lassaga y Joaquín Velásquez de León para fundar un colegio de minería. A la muerte de estos mexicanos, el rey nombró director del colegio al celebrado mineralogista vasco Fausto de Elhuyar, a la sazón en Viena. Cuando en enero de 1792 se abrió el Real Seminario de Minería, se desencadenaron graves conflictos entre los profesores americanos y los ibéricos (Roche, 1976; Glick, 1991; Flores Clair, 1999). La llegada de Fausto de Elhuyar a Nueva España fue parte de una operación de la Corona para imponer métodos modernos en la explotación minera del Nuevo Mundo, ya que Elhuyar había estudïado un nuevo proceso de beneficio de la plata con Ignaz von Born, quien había sido profesor de Haenke. La otra parte de ese proyecto real fue la expedición del barón de Nordenflicht a Potosí, quien arribó al Río de la Plata en agosto de 1788 con un grupo de alemanes especialistas en minería. Nordenflicht se encaminó al Alto Perú y de ahí pasó a Bogotá, donde lo esperaban Mutis y Juan José Elhuyar –el hermano de Fausto, con quien en el laboratorio de Vergara (Guipúzcoa), patrocinado por la Real Sociedad Bascongada de Amigos del País, había aislado por primera vez el tungsteno– (Buechler, 1973; Lafuente, 2003).

Las grandes expediciones científicas españolas del siglo XVIII contribuyeron a incrementar la escala de la actividad científica de varias ciudades americanas. Quizás la más conocida entre nosotros es la que fue comandada por el napolitano Alessandro Malaspina, ya mencionada varias veces. Muy importantes fueron las expediciones botánicas. Las tres mayores comenzaron bajo Carlos III y algunas se prolongaron hasta el reinado de Carlos IV: la expedición al Perú y Chile de Hipólito Ruiz y José Antonio Pavón (1777-1788), que culminó con la publicación de la *Flora Peruviana et Chilensis*, y las ya mencionadas de José Celestino Mutis en Nueva Granada (1787-1816) y de Martín Sessé en Nueva España (1787-1803). Las dos últimas no consistían en un barco que se despachaba desde la metrópoli, sino que estuvieron organizadas por residentes en América (españoles y criollos). Estas dos expediciones son muy significativas, pues catalizaron grupos locales, es decir, una elite científica criolla que pudo organizarse –conflictivamente, claro– en relación con estas iniciativas. La expedición botánica a Nueva España promovió la creación del Jardín Botánico de la ciudad de México, y la de Nueva Granda resultó en la creación del Real Observatorio Astronómico de Santafé de Bogotá, dirigido por Francisco José de Caldas. Naturalistas criollos como José María Mociño en México y Caldas en Colombia tuvieron papeles protagónicos en la ciencia hispanoamericana. Mociño dirigió el Gabinete de Historia Natural de Madrid en época de la ocupación francesa y presidió la Real Academia de Medicina, mientras que Caldas tuvo un papel destacado como científico y como patriota (Glick, 1991; Maldonado Polo, 1995; Appel, 1994). A diferencia de lo sucedido en el resto de América, las expediciones científicas españolas del siglo XVIII no tuvieron mayor influencia en el Río de la Plata, si se exceptúa que la de Malaspina trajo a Tadeo Haenke y posibilitó que Azara se carteara con Pineda. Incluso, la vacuna ingresó a la región por una vía que no fue la de la expedición de Balmis. La empresa transatlática que contribuyó al desarrollo de la ciencia en el Río de la Plata fue el envío de las comisiones demarcadoras, pero por supuesto ésta no era una consecuencia originalmente prevista por la metrópoli.

Como ha señalado Thomas Glick, los sabios americanos participaron de los movimientos revolucionarios, aunque no como científicos, sino como integrantes de las elites intelectuales criollas. Los miembros de la Expedición Botánica de Nueva Granada, como el ya mencionado Caldas, Francisco Antonio Zea y Miguel de Pombo, son casos ilustrativos del compromiso de los sabios criollos con el movimiento independentista americano. El golpe del 20 de julio de 1810 en Santafé de Bogotá, uno de los antecedentes inmediatos de la independencia de Colombia, fue planeado en el Observatorio Astronómico dirigido por Caldas, quien, junto con el zoólogo Jorge Tadeo Lozano, tuvo un papel activo en el establecimiento del gobierno revolucionario. La mayor parte de los miembros de la expedición botánica se unieron al gobierno independiente: de 11 miembros relevantes en 1806, seis fueron ejecutados. Caldas fue nombrado capitán de ingenieros-cosmógrafos por el gobierno independentista y puesto a cargo de la fabricación de fusiles, cañones y pólvora, hasta 1816, cuando fue capturado y fusilado por los españoles (Glick, 1991).

Glick también menciona que, en el Perú, el médico José Hipólito Unánue, creador del Anfiteatro de Anatomía del Hospital San Andrés de Lima (1792) y del Colegio de Medicina y Cirugía de San Fernando, donde se proporcionaba una enseñanza de tipo newtoniano, estaba a la cabeza de tertulias conspirativas junto con sus colegas José Paredes, José Pezet, Gabino Chacaltana, Miguel Tafur y Félix Devotti (más tarde Unánue fue el ministro de Hacienda de San Martín en el Perú). El Colegio de San Fernando fue un centro de actividad revolucionaria. Muchos de sus miembros firmaron el Acta de la Independencia en el Cabildo y fueron congresistas en la Asamblea Constituyente de 1822. En México, los estudiantes del Colegio de Minería participaron de conspiraciones y de la insurrección de Hidalgo de 1810-1811. Muchos de ellos ocuparon cargos con la Revolución y fueron muertos durante la represión española (Woodham, 1970; Glick, 1991).

Ya hemos señalado la participación a favor de la Independencia de los médicos del Río de la Plata desde el Cabildo Abierto del 22 de Mayo. Redhead y Paroissien se distinguieron al servicio de la causa de la Independencia. Sobre todo los jóvenes se comprometieron con los nuevos ideales: los graduados de las primeras promociones de la Escuela de Medicina del Protomedicato participaron en las campañas de los ejércitos patriotas. También vimos que en 1810 el número de médicos y cirujanos registrados en Buenos Aires apenas excedía las dos docenas. En cuanto a los ingenieros militares, el número de la dotación del Real Cuerpo de Ingenieros en mayo de 1810 era de seis personas. En el Cabildo Abierto del 22 de Mayo participaron cuatro ingenieros militares o navales: el brigadier Bernardo Lecocq, el coronel José María Cabrer, el coronel (retirado) Joaquín A. de Mosquera y Pedro Cerviño. De éstos, Lecocq era adicto al rey y Cabrer era realista a ultranza (Martín *et al.*, 1976-1980, vol. i: 142). Por supuesto, los ingenieros militares cumplieron un activo papel en las guerras de la Independencia, como Monasterio, Mauricio Rodríguez de Berlanga, Antonio Arcos, los franceses Estanislao Couraud y Jacobo Boudier, y, el más famoso de todos: el barón de Holmberg (Martín *et al.*, 1976-1980, vol. i: 144 y 145). Estos datos sugieren que el número de personas con calificaciones profesionales para dedicarse a la ciencia era reducido y más aún si se trataba de ciencia experimental o teórica. Es importante tener en cuenta que, durante las últimas décadas del Virreinato, Buenos Aires era una ciudad de pocos habitantes. Según un censo del Cabildo de 1778, éstos ascendían a 24.205 (Pabst, 1924: cxxxiii), de los cuales 15.719 eran blancos, es decir, podían tener acceso a la educación elemental. La elite educada era, entonces, muy reducida.

Si hay un grupo del que se puede decir que participó activamente del movimiento de Mayo y a la vez cultivó las ciencias naturales, es el que hemos llamado "el círculo de los clérigos naturalistas". En este caso el cultivo de la historia natural coexistió con una participación de alto perfil en la Revolución. Por supuesto que se debe tener en cuenta la participación de un nutrido número de clérigos en la causa revolucionaria (Calvo *et al.*, 2002). A esta altura ya está claro que en todas las ciudades de Hispanoamérica había sacerdotes seculares y regulares que abrazaban los ideales de la "Ilustración católica" y de la reforma en la enseñanza universitaria, mientras que otros se mantenían apegados al antiguo orden (Schmitt, 1959; Lanning, 1967; Goodman, 1983). Casos como el ya mencionado de la temprana introducción de la tesis copernicana por el jesuita Juan Hospital a comienzos de la década de 1760 en Quito, el de la enseñanza de filosofía natural experimental por el franciscano José Antonio Goicoechea en la Universidad de San Carlos de Guatemala a partir de 1788 (Goodman, 1983: 133), el de la introducción del newtonianismo por Mutis o el de la recepción de Linneo por Larrañaga muestran que hubo muchos clérigos que abrazaron la enseñanza y la práctica de la ciencia moderna. Vimos que en el Río de la Plata los clérigos que favorecían el cultivo de la ciencia simpatizaban con la Revolución.

Hay una costumbre arraigada en la historiografía argentina que consiste en hablar de la ciencia virreinal exclusivamente desde el punto de vista de la enseñanza de la filosofía de la naturaleza en Córdoba y en Buenos Aires. Esta perspectiva unilateral o restringida deriva de la secular polémica entre los historiadores apologéticos del catolicismo y los programáticamente anticlericales. Como ya señalamos repetidas veces, parece estar bastante claro que la enseñanza de la filosofía natural en la Universidad de Córdoba y en el Real Colegio de San Carlos, si bien incorporó muchos elementos de la nueva física y cosmología, lo hizo dentro de una racionalidad basada en la lógica aristotélica. Lo que se enseñaba era filosofía de la naturaleza con más o menos elementos de las cosmologías de Descartes, Gassendi, Newton, Boyle y la filosofía experimental de Galileo, Evangelista Torricelli, los newtonianos experimentalistas y los "electricistas". La ausencia de las matemáticas –tornada evidente por la novedad que significó su incorporación en el plan de Funes– y el aciago destino del gabinete de Altolaguirre ponen de manifiesto los límites de la situación.

Esta circunstancia no era una novedad de fines del siglo XVIII o de la primera década del XIX, sino que se venía preparando desde la época en que los jesuitas ocupaban el escenario cultural y científico del Río de la Plata. Ahora bien, antes de la expulsión de la Compañía en 1767, mientras que en Córdoba la enseñanza de la filosofía natural corría, a pesar de algunos esfuerzos modernizadores, básicamente por carriles aristotélicos, en las misiones se deplegaba una interesante actividad científica, como lo demuestran los casos del astrónomo Buenaventura Suárez, el "electricista" Ramón María Termeyer y los autores de las "historias naturales jesuitas del Nuevo Mundo" o los manuscritos de *materia medica*. Hace bastante que vengo argumentando que a mediados del siglo xvIII el frente más avanzado de la ciencia en el Río de la Plata se ubicó en las misiones del Paraguay histórico (Asúa, 2004a; 2005; 2006; 2008a; 2008c). Este proceso quedó trunco con la expulsión, aunque brotes tardíos de ese tocón fueron las actividades científicas de los expulsados en Europa, como las del botánico aficionado Gaspar Juárez o el astrónomo Alonso Frías.

En la época de la Revolución, la situación se repite con otros actores. De nuevo la Universidad de Córdoba y el Real Colegio de San Carlos se mantienen más bien conservadores y otra vez hay centros de enseñanza y cultivo de la ciencia fuera de la universidad. Los años de 1799 y 1801 son señeros en la historia de la ciencia en el Río de la Plata, porque entonces se inauguraron los cursos de dos instituciones: la Academia de Náutica y la Escuela de Medicina del Protomedicato. La Academia de Náutica fue inspirada e impulsada por Belgrano, quien, mediante su acción en el Consulado, pensó y puso en práctica un plan de cultivo de la ciencia aplicada en el Río de la Plata. Como vimos, las condiciones remotas de esta academia deben buscarse en la llegada de las comisiones de límites y las más inmediatas en la expansión del comercio naval de Buenos Aires durante el período napoléonico. Esta escuela, bajo la dirección de Cerviño, que defendió a pie firme la enseñanza de los fundamentos científicos del pilotaje, era en realidad una suerte de instituto de ciencias exactas aplicadas. Los textos que se usaban en ella estaban actualizados y sin duda al mismo nivel de los que se utilizaban en España. En cuanto a la química y a las ciencias de la vida (en particular, la botánica y la anatomía), el plan de estudios de la Escuela de Medicina del Protomedicato, obra de Miguel O'Gorman, estaba inspirado en el de Edimburgo, que a fines del siglo xvIII era el más avanzado de Europa. A pesar de sus limitaciones, la Escuela de Medicina del Protomedicato se convirtió en un pequeño centro de enseñanza de ciencia moderna, mientras que la universidad iba a la zaga –una situación similar a la de varias universidades españolas a fines del siglo XVIII–.

En síntesis, la enseñanza de las ciencias en Buenos Aires durante la primera década del siglo XIX se concentró en lo que podemos considerar "escuelas profesionales", donde se formaban médicos y cirujanos razonablemente competentes y oficiales navales o del ejército con buena formación matemática. El hecho de que nunca prosperaron los varios intentos de erigir una universidad en Buenos Aires contribuyó a que los hijos de los comerciantes porteños acudieran a estas escuelas a adquirir una educación que era, en algún sentido, "polifuncional", pues se esperaba que los capacitara para muchas otras cosas además de la profesión específica. Pero el fundamento era científico.

Si tenemos en cuenta que la mayor parte de la elite científico-profesional del Río de la Plata había estudiado en España, concluimos que el estado de cosas en Buenos Aires era, al menos indirectamente, resultado de los planes de la reforma educativa borbónica. Como señaló Lafuente, esta reforma puso el acento en las academias militares, navales y las escuelas de medicina, para formar personal capacitado técnicamente a fin de dirigir el imperio, modernizar la administración y optimizar el rendimiento económico que la metrópoli obtenía de sus territorios de ultramar, en lo que se ha llamado un proceso de "militarización de la ciencia" (Lafuente, 2000; Lafuente y Valverde, 2003). Paradójicamente, en el momento de la Revolución de Mayo, estas estructuras y estos actores cambiaron de signo y pusieron sus capacidades al servicio del proyecto independentista. Así surgieron las sucesivas academias de matemáticas y el Instituto Médico Militar. En este sentido, la ciencia en el Río de la Plata creció al abrigo del proceso de militarización local que comenzó en la ciudad con la constitución de las milicias durante las invasiones inglesas, y que tomó un giro decisivo con la acelerada profesionalización de la carrera de las armas. Pronto se constituyó un cuerpo de oficiales surgidos del entrenamiento revolucionario, que subordinaban todo a los objetivos de la Revolución (Halperín Donghi, 2000: 37, 38, 155 y 156).

La mayoría de los representantes de las ciencias en la época prerrevolucionaria, como Azara o Cerviño, fueron españoles. También estuvieron los europeos con una reputación mundial ya establecida, como Bonpland, O'Gorman y Haenke, que llegaron antes o después de la Revolución y se radicaron aquí. Algunos, sin demasiadas credenciales y arrojados al vagabundeo internacional por la caída de Napoléon, como Dauxion-Lavaysse o Lozier, estuvieron de paso. La ocupación napoleónica de España causó que jóvenes con inquietudes y espíritu liberal se incorporasen al ejército francés y después de Waterloo quedasen a la deriva, como Senillosa, que hizo en el Río de la Plata una carrera notable, o Lanz, que apenas se quedó seis meses. Británicos con entrenamiento médico como Redhead o Paroissien, que llegó buscando oportunidades durante la primera invasión inglesa, más tarde o más temprano se convirtieron en actores importantes en la lucha de la Independencia. El gallego de origen irlandés O'Donnell, que enseñó matemática en Buenos Aires y Córdoba, optó por el bando realista, como los ingenieros militares españoles Bernardo Lecocq y José María Cabrer, que llegaron con las partidas demarcadoras. Este ambiente que denominamos "protocosmopolita" se mantuvo e incluso se acentuó en el período rivadaviano –de hecho, parece haber sido una característica de la ciencia en la Argentina hasta bien entrado el siglo xx–.

De los personajes criollos, quizás el más relevante haya sido el patriota uruguayo Dámaso Larrañaga. En este grupo habría que mencionar también a Cosme Argerich, a Bartolomé Muñoz, que llegó de niño al Río de la Plata, y a Manuel Moreno –en este caso, su actividad ya se escapa de nuestro período–. Por supuesto, hay que contar a aquellos que promovieron la ciencia (sobre todo las ciencias aplicadas) sin ser ellos científicos. El más relevante por su visión y por lo que hizo en concreto fue sin duda Manuel Belgrano. La acción de Vieytes también contribuyó de manera inteligente al establecimiento de un espacio científico-literario donde se enseñaba, se aprendía y se discutían temas de ciencia aplicada a las artes y a las industrias, y asuntos de interés social como las epidemias de viruela, rabia y tétanos del cordón umbilical. Personajes como Segurola estuvieron siempre presentes en lo que concierne a la beneficencia pública, y su acción en la propagación de la vacuna lo muestra como una personalidad consciente de la necesidad de poner en juego los beneficios de los avances médicos.

Si es que la ciencia desempeñó algún papel en la génesis del ideario de Mayo, fue como un aspecto del complejo de ideas que ha sido denominado "Ilustración iberoamericana" o "Ilustración católica". En esta acepción, "ciencia" sería más bien un ideal asociado a nociones como razón, experiencia o crítica a la autoridad. Nuestra investigación no se dedicó a estudiar la ya muy llevada y traída cuestión de cuál fue el papel de las ideas ilustradas en la Revolución de Mayo, sino que examinó a la ciencia como cultura, a la vez simbólica y material. Es claro que aquellos que participaron en el movimiento de la Independencia fueron, en su gran mayoría, abogados o jóvenes que habían recibido una educación general. Los médicos, ingenieros, farmacéuticos o naturalistas fueron, en relación con todos los protagonistas patriotas, una minoría –aunque, como hemos visto, la gran mayoría de ellos tomó el partido de la Revolución–.

En cuanto a los instrumentos de la ciencia, la Escuela de Náutica hubiera sido una ficción sin los aparatos que trajeron las comisiones demarcadoras del tratado de 1777. Éstos tuvieron una larga carrera de prestaciones: fueron usados por los demarcadores (Azara, Oyarvide y Alvear, entre ellos), por los miembros de la expedición Malaspina para ver el tránsito de Mecurio por el Sol, luego por Cerviño en la Escuela de Náutica y, probablemente, por Muñoz en 1816. No era difícil obtener instrumentos náuticos, pero sí de otro tipo, y así se desarrolló cierta tradición de fabricación local, como lo demuestran los aparatos científicos hechos por Cerviño y Larrañaga, y el sencillo dispositivo experimental de Redhead.

Los *cabinets de curiosités* fueron la manifestación tangible de cierta cultura de la historia natural que operaba como una red de intercambio de especímenes, libros e información entre clérigos situados en ambas orillas del Río de la Plata, al estilo de lo que sucedía a mediados del siglo xviii en las colonias inglesas de América del Norte. Larrañaga fue el centro natural de este circuito y un destacado naturalista, cuya acción política sin duda absorbió muchas de sus fuerzas, tal como sucedió con Franklin. A través de Larrañaga, Linneo ingresó al Río de la Plata. El otro gran naturalista del siglo xviii, Buffon, era un autor muy difundido y leído en la sociedad virreinal, como lo demuestra el gran número de bibliotecas personales que poseían volúmenes de la *Histoire naturelle*. Larrañaga fue el frágil nexo de unión entre los naturalistas viajeros franceses que llegaban al Brasil y al Río de la Plata (Bonpland, Saint-Hilaire, Freycinet) y la comunidad local. Sus intereses paleontológicos marcan una transición entre la paleontología de los clérigos de la época virreinal y la más tardía de los médicos naturalistas como Teodoro M. Vilardebó, en el Uruguay, y Francisco Javier Muñiz, en la provincia de Buenos Aires.

En los años que rodearon a Mayo, había en Buenos Aires una cultura científica de salón alimentada por la prensa, de la cual el relato de Fidel López sobre las tertulias en la casa de los de Luca nos da una vívida imagen. Circulaba literatura científica en forma de textos, sobre todo de botánica, pero también de física experimental y en particular de electricidad, lo cual estaba a tono con las modas culturales europeas. La promoción de la química, ejemplificada en la publicación del curso de química en el *Semanario* de Vieytes que difundió los fundamentos de la nueva química de Lavoisier, se debió al interés del editor y quizás resonaba con la vaga aspiración, nunca muerta del todo, a encontrar y explotar las supuestas ocultas riquezas minerales del Virreinato (testigo elocuente de lo cual fue el episodio del "mesón de fierro"). La sociedad porteña prerrevolucionaria cobijaba también aspiraciones más simbólicas. La que podemos llamar "ilusión de la ciencia" no era la menor, encarnada en los principios fisiocráticos de la "economía política" –tal es el caso de Belgrano– o en la conciencia "ilustrada" de la necesidad de los conocimientos técnicos aplicados a las artes y a la industria –tal es el caso de Vieytes–. Hay que tener en cuenta que pocos trabajos fueron publicados en revistas científicas desde el Río de la Plata y ninguno durante nuestro período. En las *Philosophical Transactions*, aparecieron las comunicaciones de Buenaventura Suárez de 1748 y 1749-1750, y la de Rubín de Celis de 1778, escrita fuera del Virreinato. Los naturalistas viajeros que se quedaron, como Haenke y Bonpland, mantenían comunicación fluida con Europa. La *Memoria* de Redhead tuvo escasa difusión fuera del Río de la Plata y no demasiada en la región.

La retórica de la ciencia, desplegada en los discursos de inauguración de cursos y exámenes, era de franco cuño iluminista y concernía en particular el elogio de las matemáticas y de las ciencias exactas en general como la clave de todo conocimiento, como ciencia paradigmática y como fundamento de las artes mecánicas y del comercio. Tanto en el caso de la Academia de Náutica como de la Escuela de Medicina del Protomedicato, se argumentaba que la educación científica contribuiría a forjar ciudadanos útiles y aptos para toda tarea. Luego de la Revolución de Mayo, apareció en el discurso público un tema que pronto se convirtió en lugar común: el gobierno español había mantenido en la ignorancia a los habitantes de América con el fin de dominarlos mejor, minar su salud o explotar las riquezas nativas para beneficio de la metrópoli. Con el advenimiento de la libertad se esperaba un renacer profundo del cultivo de las ciencias, de la medicina y de las artes, el cual redundaría en el bienestar público. Esteban de Luca –hombre de letras al fin– transformó este tópico en el tema literario del desvelamiento de la naturaleza posibilitado por el nuevo clima de la libertad, ya de sesgo romántico.

En la década que siguió a la Revolución, la de la guerra de la Independencia, la sociedad estuvo convulsionada y transformada por el esfuerzo bélico. Buenos Aires ya había experimentado años de sangre durante las invasiones inglesas y después de Mayo tuvo muchos más por delante. Como señalamos ya varias veces, este estado de cosas reorientó las iniciativas y los recursos científicos en un sentido de militarización. La sucesión de instituciones para la formación de oficiales, ingenieros militares y cirujanos demuestra cuáles eran las necesidades del cuerpo político. El período que comenzó en 1820 y que podría llamarse "la ciencia de Rivadavia" tendría otro tenor. A pesar de que muchas veces se ha exagerado la consistencia de los logros científicos del fugaz período rivadaviano, es cierto que durante éste se vislumbra una actividad científica más madura, independiente de la esfera militar, con mayor número de personas formadas, y los primeros intentos de una institucionalización duradera. Tal como sucedió en los nacientes Estados Unidos, durante la Revolución Francesa y en otras regiones de Hispanoamérica, la Revolución tuvo un efecto ambivalente. Por un lado, muchas iniciativas y desarrollos científicos fueron postergados o se vieron frustrados; pero, por otro, se desencadenó un caudal de energías que con el tiempo redundaron en un crecimiento más vigoroso. En todo caso, en los años de fuego, proclamas y heroísmo que siguieron a Mayo, la ciencia en el Río de la Plata nunca dejó de existir.

APÉNDICE 1

Libros de ciencias exactas y naturales (más algunos correspondientes a agricultura y artes) en la lista de donaciones a
la Biblioteca Pública entre 1810 y 1820, tal como apareció en
Trelles (1879) y [Biblioteca Nacional] (1944-1946). Los nombres de autores en las listas están muchas veces corruptos, lo
que dificulta la identificación bibliográfica; tampoco se indican lugar ni fecha de edición (sólo número de volúmenes y ta-
maño). Hasta donde fue posible, he tratado de subsanar estas
dificultades.

Libros del Real Colegio
de San Carlos y del doctor Chorroarín

Acosta, José de, *Historia Natural y Moral de las Indias*, 2 vols.,
Madrid, 1792.

Belon, Pierre, *De aquatilibus*, París, 1553.

Boyle, Robert, *Opera omnia*, 3 vols., Venecia, 1696-1697.

Brisson, Mathurin-Jacques, *Tratado elemental o Principios de Física*, traducido por Julián Antonio Rodríguez, 4 vols., Madrid,
1803-1804.

Buffon, *Historia natural general y particular*, traducción de Clavijo y Fajardo, 21 vols., Madrid, 1791-1805 [fueron donados
13 vols.].

Gilibert, Jean-Emmanuel, *Histoire des Plantes d'Europe, ou Élémens de Botanique Pratique*, 2 vols., París, 1798.

Gouan, A., *Historia piscium sistens ipsorum anatomen...*, Estrasburgo, 1770.

Gravesande, Willem Jacob 's, *Philosophiae Newtonianane institutiones, in usus academicus*, Venecia, 1749.

HERRERO Y RUBIRA, Antonio María, *Física moderna, experimental, sistemática*, Madrid, 1738.

JUAN, Jorge, *Observaciones astronómicas y phisicas* [...] *en los Reynos del Perú*, Madrid, 1748.

LAVEDÁN, Antonio, *Tratado de los usos y abusos, propiedades y virtudes del tabaco, café, té y chocolate*, Madrid, 1796.

LE LORRAIN, Pierre, abate de Vallemont, *Curiosidades de la naturaleza y del arte, sobre la vegetación o la agricultura y jardinería*, traducido por José Orguiri, Madrid, 1806.

LINNEO, *Philosophia botanica, annotationibus, explanationibus, supplementis aucta cura et opera Casimiri Gomez Ortega...*, Madrid, 1792 [Podría tratarse de otra edición, señalo ésta por ser la usual en España en ese momento].

LOZANO, Pedro, *Descripcion chorographica del terreno, rios, arboles, y animales de las dilatadissimas provincias del Gran Chaco Gualamba*, Córdoba [Argentina], 1733.

MANGOLD, Joseph, *Philosophia rationalis et experimentalis*, 3 vols., Ingolstadt y Múnich, 1755-1756.

NAVARRO, Benito, *Physica electrica o compendio en que se explican los maravillosos... de la virtud eléctrica*, Madrid, 1752.

NOLLET, abate Jean-Antoine, *L'art des expériences, ou avis aux amateurs de la physique*, 3 vols., París, 1770.

PLUCHE, abate Noël-Antoine, *Espectáculo de la naturaleza*, 16 vols., Madrid, 1771-1773.

PLUCHE, abate Noël-Antoine, *Historia del cielo, o nuevo aspecto de la Mithologia*, traducido por Fray Pedro Rodríguez Marzo, 2 vols., Madrid, 1773.

SAGE, Balthazar Georges, *Élémens de mineralogie*, 2 vols., París, 1777.

SIGAUD DE LA FOND, Joseph Aignan, *Resumen histórico experimental de los fenómenos eléctricos, desde el origen de este descubrimiento hasta el día*, traducido por Tadeo Lope, Madrid, 1792.

TOALDO, Giuseppe, *La meteorología aplicada a la agricultura*, traducido con notas por Vicente Alcalá-Galiano, Segovia, 1786.

ULLOA, Antonio, *Relación histórica del viaje a la América Meridional*, Madrid, 1748.

WILSON, Alexander, *Observaciones relativas a la influencia del clima en los cuerpos animados y en los vegetales*, traducido por Salvador Ximénez Coronado, Madrid, 1793.

MANUEL BELGRANO

ADET, Pierre Auguste, *Leçons élémentaires de chimie à l'usage des Lycées*, París, 1804.

DUMÉRIL, A. M. Constant, *Traité élémentaire d'histoire naturelle*, París, 1804.

ELGUETA Y VIGIL, Antonio, *Cartilla de la agricultura de moreras y arte para la cría de la seda*, Madrid, 1761.

FRÉZIER, Amédée François, *Relation du Voyage de la Mer du Sud aux côtes du Chile et du Pérou, fair pendant les années 1712, 1713, 1714*, París (la primera edición es de 1716).

JAUBERT, abate Pierre, *Dictionnaire raisonné universel des arts et métiers*, París, 1773.

PLINIO, *Historia naturalis*, no se menciona edición.

ROMUSSI [Romussius], G. D., *De re agraria responsa mere iuridica*, Parma, 1768.

SIGAUD DE LA FOND, Joseph Aignan, *Resumen histórico experimental de los fe____ eléctricos, desde el origen de este descubrimiento h____ ____Lope*, Madrid, 1792.

VITRUVIO, *De arch____*

PADRE

THOMIN, M., *Traité d'optique mechanique, dans lequel on donne les règles et les proportions qu'il faut observer pour faire toutes sortes de lunettes d'approche…*, París, 1749.

FRAY CAYETANO RODRÍGUEZ OFM

WIDENMANN, Johann Friedrich, *La orictognosia, escrita en alemán* [...] *traducida por Christiano Herrgen*, Madrid, 1797-1798.

MANUEL ÁLVAREZ, CURA DEL SAGRARIO DE LA CATEDRAL

KIRCHER, Athanasius, *Mundus subterraneus* (no se indica edición, la primera es de 1664).

SEÑORA MARTINA DE LAVARDEN Y ARCE

CHAPTAL, Jean, *Elementos de química*, traducido por D. Hyginio A. Lorente, 3 vols., Madrid, 1793.

MUSSCHENBROEK, Peter van, *Cours de physique expérimentale et mathématique... traduit par Sigaud de la Fond*, 3 vols., París, 1769.

PLUCHE, abate Noël-Antoine, *Espectáculo de la naturaleza*, 16 vols., Madrid, 1771-1773.

ALEXANDRO MACKINNEN

CAVALLO, Tiberius, *The Elements of Natural and Experimental Philosophy*, 4 vols., Londres, 1803.

VALCÁRCEL, José Antonio, *Agricultura general y gobierno de la casa de campo*, 10 vols., Valencia, 1765-1795 [se donaron 7 vols.].

EDUARDO F. FIELDING

JUAN, Jorge, *Observaciones astronómicas y phisicas* [...] *en los Reynos del Perú*, Madrid, 1748.

ULLOA, Antonio, *Relación histórica del viaje a la América Meridional*, Madrid, 1748.

ENRIQUE LUIS JONES

FALKNER, Thomas, *A Description of Patagonia*, Hereford, 1774.

BENITO MARÍA DE MOXÓ Y FRANCOLÍ, ARZOBISPO DE CHARCAS

Catálogo sistemático y razonado de las curiosidades de la naturaleza y del arte que contiene el gabinete de Dávila, 3 vols. [París, 1767].

[D'ARGENVILLE, Dezallier], *L'Histoire naturelle éclaircie dans deux de ses parties principales, la lithologie et la conchyliologie*, París, 1742.

[D'ARGENVILLE, Dezallier], *L'histoire naturelle éclaircie dans une de ses parties principales l'Oryctologie, qui traite des terres, des pierres, des métaux, de minéraux et autres fossiles; par Mr * * * des sociétés royales des sciences de Londres et de Montpellier*, París, 1755.

PLINIO, *Historia naturalis*, ed. Juan Harduino, 3 vols., París, 1723.

RUIZ, Hipólito y José Pavón, *Flora Peruviana et Chilensis*, 3 vols., Madrid, 1798-1802 [En la donación se indican 4 volúmenes, con lo cual pudo haberse incluido el *Florae peruvianae, et chilensis prodromus*, Madrid, 1794].

RUIZ, Hipólito, José Pavón y José Antonio Jiménez-Villanueva, *Systema vegetabilium florae peruvianae et chilensis*, Madrid, 1798.

JUAN MANUEL FERNÁNDEZ DE AGÜERO

MUSSCHENBROEK, Pieter van, *Elementa physica, conscripto in usus academicus*, 2 vols., Nápoles, 1749.

SIGAUD DE LA FOND, Joseph Aignan, *Elementos de física teórica y experimental*, 6 vols., Madrid, 1787-1789.

JOSÉ MARTÍNEZ DE HOZ

MOLIÈRES, Privat de, *Lezioni di fisica... traduzione dal francese*, 3 vols., Venecia, 1743.

PLINIO, *Historia natural*, traducida por Jerónimo de la Huerta, 2 vols., Madrid, 1624-1629 [pero podría tratarse de otra edición].

JOAQUÍN IGLESIAS, DEL COMERCIANTE

BAUMÉ, Antoine, *Chymie expérimentale et raisonnée*, 3 vols., París, 1773.

MANUEL BELGRANO (CONTINUACIÓN)

[ALEXANDRE, D. Nicol], *Dictionnaire botanique et pharmaceutique, contenant les principales proprietez des minéraux, des végétaux et des animaux... Avec les préparations de pharmacie internes et externes...*, Par * * *, 1738.

BAILS, Benito, *Elementos de matemática*, 10 tomos en 11 vols., Madrid, 1779-1804 [Belgrano donó los tomos 7, 8 y 9 "para completar la obra de la Biblioteca"].

CARLIER, Claude, *Traité des bêtes à laine*, 2 vols., París, 1773.

COURSET, barón Dumont de, *Le botaniste cultivateur*, 4 vols., París, 1802.

DEZA, Lope de, *Gobierno político de agricultura*, Madrid, 1618.

DUHAMEL Y MONÇEAUX, Henri-Louis, *Tratado del cultivo de las tierras (o sea agricultura)*, traducido por Miguel José de Aviz, Madrid, 1791.

GONZÁLEZ DE URUEÑA, Juan, *Delineación de lo tocante al conocimiento del punto de longitud del Globo...*, Madrid, 1740.

GUYOT, Edmé-Gilles, *Nouvelles récréations physiques et mathématiques contenant ce qui a été imaginé de plus curieux dans ce genre et ce qui se découvre journellement*, 3 vols., París, 1786, 1ª ed. [hay otras ediciones].

LAVOISIER, Antoine, *Traité élémentaire de Chimie*, 2 vols., París, 1789 [pero puede tratarse de otra edición francesa].

LINNEO, *Systema vegetabilium* [no se indica edición, podría tratarse de la 13ª ed. de 1784, que era la que usaba Larrañaga].

POUCHET, Louis-E., *Métrologie terrestre ou tables des nouveaux poids, mesures et monnaies de France*, Rouen, 1797.

ROZIER, [abate] François, *La petite maison rustique, ou Tours théorique et pratique d'agriculture, d'économie rurale et domestique...*, 2 vols., París, 1802 [hay 2ª edición aumentada y corregida de 1805].

SCHABOL, [abate] Roger, *La Pratique du jardinage*, 2 vols., París, 1770 [hay ediciones posteriores].

SEIXO, Vicente del, *Lecciones prácticas de agricultura y economía*, 4 vols., Madrid, 1793-1795.

Semanario de Agricultura y Artes dirigido a los Párrocos, Madrid, 1797-1808 [donación de 11 vols., no se indican los años].

PADRE MAESTRO FRAY CIPRIANO GIL NEGRETE OP

SELLER, John, *Practical navigation*, Londres, 1711.

JULIÁN SEGUNDO DE AGÜERO

NOLLET, abate Jean-Antoine, *Lecciones de physica experimental*, 6 vols., trad. por el P. Antonio Zacagnini, Madrid, 1757.

TOSCA, Tomás Vicente, *Compendium Philosophicum praecipuas philosophiae partes complectens nempe rationalem, sive logican, Physicam, et metaphysicam: accedunt Greg. Majansii institutionum philosophiae moralis libri tres*, 8 vols., Valencia, 1754-1757.

Antonio Cándido Ferreyra, comerciante portugués

Linneo, *Parte práctica de botánica que comprende las clases, órdenes, géneros, especies y variedades de las plantas*, traducido por Antonio Palau y Verdera, 9 vols., Madrid, 1784-1788 [se donaron sólo 7 vols.].

José Roland, comerciante portugués

Cabral, Francisco Antonio, *Descripção e uso dos instrumentos de reflexão...*, 2 vols., Lisboa, 1799.

Fabricius, Johannes Christian, *Species insectorum*, 2 vols., Hamburgo, 1783.

Linneo, *Systema plantarum secundum classes, ordines, genera, species...*, 4 vols., Fráncfort, 1779.

Wallerius, Johan Gottschalk, *Systema mineralogicum*, 2 vols., Estocolmo, 1772-1775 [hay ediciones posteriores].

Antonio Álvarez Jonte

Molina, Juan Ignacio, *Compendio de la historia geográfica, natural y civil del reyno de Chile*, 2 vols., Madrid, 1788-1795.

Hipólito Vieytes

Rozier, François, *Curso completo o diccionario universal de agricultura teórica, práctica, económica, y de medicina rural y veterinaria*, traducido por Juan Álvarez Guerra, 16 vols., Madrid, 1797-1803 [se donaron 15 vols.].

SANTIAGO MAURICIO, DEL COMERCIO

LE MONNIER, Pierre-Charles, *Institutions astronomiques*, París, 1746.

ANTONIO DORNA

SÁNCHEZ RECIENTE, Juan, *Tratado de artillería theórica y práctica*, Sevilla, 1733.
SANCTO JOSEPHO, Paulinus a, *Instituciones aritméticas*, traducido por el padre Fernando Scio, Madrid, 1772.

MIGUEL DE AZCUÉNAGA

BOUGAINVILLE, Louis-Antoine de, *Voyage autour du monde*, París, 1771 [no se indica edición, puede ser otra que la señalada].
FONTENELLE, Bernard de Bouyer de, *Oeuvres*, 12 vols., Amsterdam, 1764 [no se indica edición, puede ser otra que la señalada].
LE BLOND, G., *L'Arithmétique et la géométrie de l'officiel*, 2 vols., París, 1767.

DOCTOR JOSÉ MOREL

TABOADA Y ULLOA, Juan Antonio, *Antorcha aritmética práctica, provechosa para tratantes y mercaderes*, Madrid, 1731.

SEBASTIÁN LEZICA

PLUMIER, Charles, *Plantarum Americanarum fasciculi decem*, Amsterdam 1755-1760 [no creo que se trate de una edición francesa, pues, en caso de tratarse de obras no escritas en castellano, la lista indica la lengua; tampoco estoy totalmente seguro de que la obra donada sea ésta, ya que la lista no da otra indicación que "obras botánicas de Plumier"].

Francisco de la Madre de Dios Salcedo, presidente del Convento de Bethlemitas

Archer, Miguel, *Lecciones náuticas*, Bilbao, 1756.

Fernández, Antonio Gabriel, *Práctica de maniobras de los navíos*, Madrid, 1732 [puede ser otra edición, pues hay varias posteriores].

Melchor Albín, administrador general de correos

Mendoza y Ríos, José de, *Tratado de navegación*, 2 vols., Madrid, 1787.

Bartomomé Muñoz, vicario general castrense del Ejército de la Banda Oriental

Brisson, Mathurin-Jacques, *Diccionario universal de Física*, traducido por D. C. C. y D. F. X. C., 9 vols., Madrid, 1796-1802 [la donación indica 10 volúmenes más uno de láminas].

Gómez Ortega, Casimiro y Antonio Palau y Verdera, *Curso elemental de botánica, teórico práctico...*, 2 partes en 1 vol., Madrid, 1785 [hay edición de 1795].

Lavoisier, Antoine, *Traité élémentaire de Chimie*, 2 vols., París, 1789 [puede tratarse de otra edición francesa].

Widenmann, Johann Friedrich, *La orictognosia, escrita en alemán [...] traducida por Christiano Herrgen*, Madrid, 1797-1798.

DÁMASO LARRAÑAGA

RUSSELL, Alexander, *The Natural History of Aleppo*, Londres, 1756.

SONNERAT, Pierre, *Voyage a la Nouvelle Guinée: dans lequel on trouve la description des lieux, des observations physiques & morales, & des details relatifs à l'histoire naturelle dans le regne animal & le regne vegetal*, París, 1796.

Vida del Conde de Buffon, traducida por José Miguel Alea, Madrid, 1797.

WILLUGHBY, Francis, *De historia piscium*, Oxford, 1656.

MÁS OBRAS DONADAS POR LUIS JOSÉ CHORROARÍN [MUCHAS DE ELLAS ORIGINALMENTE EN LA BIBLIOTECA QUE TRAJO AIMÉ BONPLAND]

[Sin mención de autor, no identificable], *Histoire des mollusques*, 2 vols.

[Sin mención de autor, no identificable], *Traité des bois*.

ADANSON, Michel, *Histoire naturelle du Senegal*, París, 1757.

Annales du Museum d'Histoire Naturelle, 20 vols. [no se indica fecha].

BARICELLI, Giulio Cesare, *Hortulus genialis*, Colonia, 1620.

BAUHIN, Johann, *Historia plantarum uniuersalis, noua, et absolutissima, cum consensu et dissensu circa eas...*, Yverdon-les-Bains [Suiza], 1650-1651.

BEDOS DE CELLES, Dom François, *La gnomonique pratique, ou l'art de tracer les cadrans solaires avec la plus grande précision*, París, 1760.

BÉZOUT, Étienne, *Suite de Cours de Mathématiques contenant le traité de Navegation*, París, 1789.

BIOT, J. B. y D. F. Arago, *Memoire des afinités des corps par la lumière*, París, 1806.

BONNET, Charles, *Oeuvres d'histoire naturelle et de philosophie*, 18 vols., Neuchatel, 1779-1783 [la donación fue de 10 vols.].

CAVANILLES, Antonio J., *Monadelphiae Classis Dissertationes Decem*, 3 vols., Madrid, 1790 [la donación indica 4 vols.].

CAVANILLES, Antonio J., *Observaciones sobre la historia natural, geografía... del Reyno de Valencia*, 2 vols., Madrid, 1795.

CHAMBON, Nicolas, *Traité de l'éducation des moutons*, 2 vols., París, 1810.

CHAPTAL, Jean Antoine, *Chimie apliquée aux arts*, 4 vols., París, 1807.

CHASTENAY, Victorine de, *Calendrier de flore, ou Études de fleurs d'après nature*, París, 1802-1803.

[D'ARGENVILLE, Antoine Joseph Dezallier], *La théorie et la pratique de jardinage* [la 1ª edición es de 1709, pero puede tratarse de otra].

DAUXION-LAVAYSSE, J. J., *Voyage aux îles de Trinidad, de Tobago, de la Marguerite et en Vénézuela*, 2 vols., París, 1813.

DELAMÉTHERIE, J. C., *Considérations sur les êtres organisés*, 3 vols., París, 1804-1806.

DELEUZE, J. P. F., *Histoire critique du Magnétisme animal*, París, 1813.

DOLOMIEN, D., *Sur la philosophie minéralogique*, París, 1801.

DUMÉRIL, André Marie Constant, *Zoologie analytique*, París, 1806.

FEUILLÉ, Louis, *Journal des observations physiques, mathématiques et botaniques faites dans l'Amérique méridionale*, 3 vols., París, 1714-1725.

GALAUP, Jean Francois de (conde de La Pérouse), *Voyage de La Pérouse autour du monde... redigé par M. L. A. Milet-Mureau...*, vols. 1-4 y atlas, París, 1797.

GALLESIO, George, *Traité du citrus*, París, 1811.

GARNIER, Blaise Joseph, *Gnomonique mise à la portée de tout le monde*, Marsella, 1773.

GÈNEVE, J. C. L. Simonde de, *Tableau de l'agriculture toscane*, Ginebra, 1801.

HAÜY, abate René-Just, *Essai d'une Théorie sur la Structure des Crystaux, appliquée a plusieurs Genres de Substances crystallisées*, París, 1784.

HAÜY, abate René-Just, *Traité de minéralogie*, 4 vols., París, 1801.

HOWEL, Thomas y James Capper, *Voyage en retour de l'Inde par terre*, París, 1796.

HUMBOLDT, Alexander von, *Tableaux de la nature*, 2 vols., París, 1808.

I quindici libri degli Elementi di Euclide, traducido al italiano por Angelo Caiani, 1657 [probablemente se trate de una edición posterior].

IZARN, J., *Des pierres tombeés du ciel, lithologie atmosphérique*, París, 1808.

LACAILLE, Nicolas Louis, *Leçons élémentaires d'astronomie, géometrique et physique*, París, 1780.

LAGARAYE, M., conde de, *Chimie hydraulique*, París, 1775.

LAMARCK, *Annuaires météorologiques, pour l'an XIII*, París, 1805.

LAMARCK, *Hydrogéologie*, París, 1802.

LAMARCK, *Philosophie zoologique*, 2 vols., París, 1809.

LAMARCK, *Sur l'organisation des corps vivants*, París, 1802.

LAMETHERIE, Jean-Claude de, *Leçons de Mineralogie*, 2 vols., París, 1816.

LAMY, Bernard, *Élémens des mathématiques, ou Traité de la grandeur en général, qui comprend l'arithmétique, l'algèbre, l'analyse et les principes de toutes les sciences*, París, 1689.

LAMY, Bernard, *Les éléments de géometrie, ou de la mesure du corps*, París, 1685.

LASTEYRIE, C. P., *Traité sur les Bêtes-a-laine d'Espagne*, París, 1799.

LATREILLE, Pierre André, *Genera Crustaceorum et Insectorum secundum ordinem naturalem in familias doisposita, iconibus exemplurisque plurimis explicata*, 4 vols., París, 1806-1809.

LATREILLE, Pierre André, *Histoire naturelle des fourmis, et recueil de memoires et d'observations sur les abeilles, les araignees, les faucheurs, et autres insectes*, París, 1802.

LEDRU, André Pierre, *Voyage aux îles de Ténériffe, la Trinité, Saint-Thomas, Sainte-Croix et Porto-Ricco*, 2 vols., París, 1810.

LINNEO, *Systema Naturae*, 10 vols. [no se indica edición].

MIRBEL, C. F., *Exposition et défense de ma théorie de l'organisation végétale*, La Haya, 1808.

OZANAM, Jaques, *Méthode de lever les plans et les cartes de terre et de mer*, París, 1691.

PUISIEUX, Jean Baptiste de, *Élémens et traité de géométrie*, París, 1765.

ROCHE, François de la y J. E. Bérard, *Mémoire sur la détermination de la chaleur spécifique des différens gaz*, París, 1813.

ROUX, Augustin, *Traité de la culture et de la plantation des arbres*, París, 1750.

ROZIER, François, *Cours complet d'agriculture ou dictionnaire universel d'agriculture*, 12 vols., París, 1781-1905.

RUMFORD, [M. le Comte], *Mémoires sur la chaleur*, París, 1804.

SAINT-FOND, Barthélémy Faujas de, *Histoire naturelle de la Montagne de Saint-Pierre de Maestricht*, París, 1799.

SAINT-PÉRAVI, Guérineau de, *Traité de la culture de différentes fleurs*, París, 1765.

SAN CRISTÓBAL. José María de y Josep Garriga, *Curso de química general aplicado a las artes*, 2 vols., Madrid, 1804-1805.

SEGUIN, C., *Table des quarres et des cubes*, París, 1801.

SONNERAT, Pierre, *Voyage a la Nouvelle Guinée...*, París, 1796.

SWARTZ, Olaus, *Flora Indiae Occidentalis*, 4 vols. Erlangen, 1797-1806.

SWARTZ, Olaus, *Icones plantarum incognitarum quas in India Occidentali detexit atque delineavit, fasciculus I*, [no se siguió publicando] Erlangen, 1791.

SWARTZ, Olaus, *Observationes botanicae quibus plantae Indiae occidentales aliaque illustrantur*, Erlangen, 1791.

THÉNARD, L. J., *Traité de chimie élémentaire*, 5 vols., París, 1817-1818.

THIBAULT DE CHANVALON, Jean-Baptiste, *Voyage à la Martinique, contenant diverses observations sur la physique, l'histoire naturelle, l'agriculture, les moeurs, & les usages de cette Isle, faites en 1751 & dans les années suivantes*, París, 1763.

VAHL, Martin H., *Eclogae americanae, seu, Descriptiones plantarum praesertim Americae meridionalis, nondum cognitarum*, Copenhague, 1796-1807.

VAHL, Martin H., *Enumeratio plantarum, vel ab aliis, vel ab ipso observatarum, cum earum differentiis specificis, synonymis selectis et descriptionibus succinctis*, 2 vols., Copenhague, 1805.

VAHL, Martin H., *Symbolae botanicae...*, 3 partes en 1 vol., Copenhague-París, 1790-1794.

VILLEFOSSE, Héron de, *De la richesse minérale*, 3 vols., París, 1810.

WANDELAINCOURT, Hubert, *Principes d'astronomie*, París, 1784.

APÉNDICE 2

1. "Introducción a la Historia Natural de la provincia de Cochabamba y sus circunvecinas" [HNC= Historia Natural de Cochabamba].

1. A. Introducción a la HNC
TM, 13 de junio 1801, núm. 22, t. I, ff. 172-174; 17 de junio, núm. 23, ff. 177-178. [HNC, ed. Groussac, pp. 58-64].

1.B. Artículos sobre sustancias minerales de la HNC (enumeradas según el orden en que aparecen en el texto)
"Alumbre nativa, primera especie, llamada Cachina blanca" (*TM*, 3 de septiembre de 1802, t. V, núm. 1, ff. 1-3) [HNC, ed. Groussac § 1, pp. 66 y 67].
"Sal de Inglaterra, Sal amarga o Magnesia vitriolada" (*TM*, 11 de julio de 1801, t. I, núm. 30, ff. 237 y 238 [este artículo apareció sin la firma de Haenke; HNC, ed. Groussac § 5, pp. 72-74].
"Nitro puro" (*TM*, 4 de octubre 1801, t. II, núm. 18, ff. 126-128) [HNC, ed. Groussac § 7, pp. 76-78].
"Cardenillo nativo o verde montaña, recogido por mano de los indios en los contornos de la Laguna de Oruro" (*TM*, 22 de julio 1801, t. I, núm. 33, f. 257) [HNC, ed. Groussac § 9, pp. 80 y 81].
"Oro Pimiente del Perú" (*TM*, 25 julio 1801, t. I, núm. 34, f. 265) [HNC, ed. Groussac § 10, p. 81].
"Vitriolo de cobre, vitriolo azul o vitriolo de Chipre" (*TM*, 14 de febrero 1802, t. III, núm. 7, f. 103) [HNC, ed. Groussac § 15, pp. 91 y 92].

"Materiales para fábricas de Cristales" (*TM*, 11 de octubre 1801, t. II, núm.19, ff. 144-147) [HNC, ed. Groussac § 18, pp. 95-99].

1.C. Artículos sobre plantas de la HNC

"Goma. Nuevo arbusto penetrado de Alcanfor" (*TM*, 17 de enero 1802, t. III, núm. 3, ff. 37 y 38) [HNC, ed. Groussac § 23, pp. 115-117].

"La Hamahama, especie de Valeriana remedio específico en los insultos epilépticos" (29 de agosto de 1801, t. II, núm. 9, f. 62) [HNC, ed. Groussac § 24, pp. 117 y 118].

"El Tanitani [o la Genciana de los Andes]" (*TM*, 25 de julio de 1802, t. IV, núm. 13, ff. 221-223) [HNC, ed. Groussac § 26, pp. 119-121].

"La Cariofilata de los Andes" (*TM*, 18 de julio de 1802, t. IV, núm. 12, ff. 217-218) [HNC, ed. Groussac § 28, pp. 122 y 123].

"La agave vivipera" (*TM*, 15 noviembre 1801, t. II, núm. 29, ff. 209-211) [HNC, ed. Groussac § 30, pp. 124-126].

2. "Noticias de los principales ríos de esta América Meridional, con los que desaguan en ella" (*TM*, 1° de julio, núm. 27, t. I, ff. 209-213; 4 de julio, núm. 28, ff. 217-220; 8 de julio, núm. 29, ff. 225-228; 11 de julio, núm. 30, ff. 233-235) [ed. Groussac 151-165 –la versión del *TM* es incompleta, pues el texto completo de la ed. Groussac llega hasta la p. 171–].

3. "Arequipa. Aguas minerales. Descripción y análisis de las aguas de Yura" (*TM*, 28 de febrero de 1802, t. III, núm. 9, ff. 127-131; 7 de marzo, núm. 10, ff. 137-144; 14 de marzo, núm. 11, ff. 153-156).

ARTÍCULOS DE SEGISMUNDO APERGER EN EL *TELÉGRAFO MERCANTIL*

"Las virtudes de la ierba [sic] del Paraguay por el Ex Jesuita el P. Segismundo" (*TM*, 7 de febrero de 1802, t. III, núm. 6, ff. 79-81).

"Nuez moscada. Sus usos y virtudes. Por el P. Segismundo" (*TM*, 14 de febrero de 1802, t. III, núm. 7, ff. 101-103).

"Virreina silvestre. Sus usos y virtudes... Segismundo" (*TM*, 4 de abril de 1802, t. III, núm. 14, ff. 214 y 215).

"Usos y virtudes del Algarroba blanca, que llaman los indios de Misiones Ibope. Extracto del Padre Segismundo" (*TM*, 11 de julio de 1802, t. IV, núm. 11, ff. 200 y 201).

"Sangre de Drago. Sus usos y virtudes por el Padre Segismundo" (*TM*, 18 de julio de 1802, t. IV, núm. 12, ff. 216 y 217).

BIBLIOGRAFÍA

ALLEN, Thomas (1831), "On A Mass of Native Iron from the Desert of Atacama", *Transactions of the Royal Society of Edinburgh*, vol. 11, parte 1, pp. 223-228.

ALTIERI, Laurentio (1793), *Elementa philosophiae in adolescentium usum ex probatis auctoribus adornata*, 4 vols., Venecia, Modestus Fenzus.

ÁLVAREZ, Antenor (1926), *El meteorito del Chaco*, Buenos Aires, Peuser.

ALVEAR, Diego de (1900), "Diario de la segunda partida demarcadora de límites en la América meridional", ed. Paul Groussac, 1ª parte, *Anales de la Biblioteca*, t. I, pp. 267-384.

ALVEAR Y WARD, S. (1891), *Historia de D. Diego de Alvear y Ponce de León*, Madrid, Luis Aguado.

APPEL, John Wilton (1994), *Francisco José de Caldas. Scientist at Work in Nueva Granada*, Serie *Transactions of the American Philosophical Society*, vol. 84, parte 5, Filadelfia, American Philosophical Society.

ARAMBURU, Enrique, "La enseñanza náutica formal en la época de Brown (1814-1857) y una consecuencia mediata: la creación de la Escuela Nacional de Náutica". Comunicación al Congreso Nacional de Historia "La época del Almirante Guillermo Brown (1814-1857)", Buenos Aires, 30-31 de agosto de 2007. Disponible en línea: <http://www.inb.gov.ar/actividades/congresohistoria07/textos/pdf/Enrique%20Aramburu.pdf>.

ARBOLEDA, Luis C. (1987), "Acerca del problema de la difusión científica en la periferia: el caso de la física newtoniana en la Nueva Granada (1740-1820)", en *Quipu*, 4 (1), pp. 7-30.

ASHWORTH, William B. (1986), "Catholicism and Early Modern Science", en David C. Lindberg y Ronald Numbers (eds.), *God and Nature. Historical Essays on the Encounter between Chris-*

tianity and Science, Berkeley y Los Ángeles, University of California Press, pp. 136-166.

ASÚA, Miguel de (2004a), "The Publication of the Astronomical Observations of Buenaventura Suárez SJ (1679-1750) in European Scientific Journals", en *Journal of Astronomical History and Heritage*, 7 (2), pp. 81-84.

— (2004b), *Ciencia y literatura. Un relato histórico*, Buenos Aires, Eudeba.

— (2006), "Acerca de la biografía, obra y actividad médica de Thomas Falkner S. I. (1707-1784)", en *Stromata*, 62, pp. 227-254.

— (2007), *Los juegos de Minerva. La historia de las ciencias de la naturaleza en trece escenas con comentarios*, Buenos Aires, Eudeba.

— (2008a), "'Names Which he Loved, and Things Well Worthy to be Known': Eighteenth-Century Jesuit Natural Histories of *Paraquaria* and Rio de la Plata", en *Science in Context*, 21 (1), pp. 39-72.

— (2008b), "Linneo entre nosotros", en *Ciencia Hoy*, 18(104), pp. 19-27.

— (2008c), "The Experiments of Ramón M. Termeyer SJ on the Electric Eel in the River Plate Region (c. 1760) and other Early Accounts of *Electrophorus electricus*", en *Journal of the History of the Neurosciences*, 17, pp. 160-174.

ASÚA, Miguel de (trad.) (2005), "Algunas observaciones astronómicas efectuadas en el Paraguay por el [Rev. B. Suárez S. I.] comunicadas a la Royal Society por [Jacob de Castro Sarmento M. D.]", en *Ciencia Hoy*, 15(85), pp. 57-59.

ASÚA, Miguel de y Roger French (2005), *A New World of Animals. Early Modern Europeans on the Creatures of Iberian America*, Aldershot, Ashgate.

AZARA, Félix de (1801), *Essais sur l'histoire naturelle des quadrupèdes de la province du Paraguay*, 2 vols., París, Charles Pougens.

— (1802), *Apuntamientos para la historia natural de los quadrúpedos del Paraguay y Río de la Plata*, 2 vols., Madrid, Viuda de Ibarra.

— (1802-1805), *Apuntamientos para la historia natural de los páxaros del Paraguay y Río de la Plata*, 3 vols., Madrid, Viuda de Ibarra.

— (1809), *Voyages dans l'Amérique Méridionale*, trad. C. A. Walckenaer, con notas de Cuvier, 4 vols., París, Dentu [los vols. 3 y 4 contienen la versión francesa por Sonnini de Manoncourt de los *Apuntamientos para servir a la historia natural de los páxaros del Paraguay y Río de la Plata*].

— (1904), *Geografía física y esférica de la provincia del Paraguay y misiones guaraníes*, ed. R. Schuller, Montevideo, Museo Nacional de Montevideo.

— (1962), *Descripción de la historia del Paraguay y el Río de la Plata*, ed. Márquez Miranda, en *Bibliotheca Indiana*, 4 vols., Madrid, Aguilar, IV, pp. 331-497.

BARATTINI, Luis P. (1959), "A propósito de manuscritos de Pineda y Née", en *Boletín Histórico* [Montevideo] [Estado Mayor General del Ejército-Sección "Historia y Archivo"], núm. 80/83, pp. 29-63.

BARROS ARANA, Diego (1911), *Obras completas. XI. Estudios histórico-bibliográficos*, Santiago de Chile, Imprenta Cervantes.

BECK, Eugenio [seudónimo de Guillermo Furlong] (1931), "Un benemérito de las ciencias en el Río de la Plata. Bartolomé Doroteo Muñoz (1831-1931)", en *Revista de la Sociedad Amigos de la Arqueología*, 5, pp. 53-80.

BEDDALL, Barbara (1975), "'Un naturalista original': Don Félix de Azara, 1746-1821", en *Journal of the History of Biology*, 8 (1), pp. 15-66.

BELGRANO, Manuel (1954), *Escritos económicos*, Buenos Aires, Raigal.

— (1966), "Autobiografía", en *Autobiografía y otras páginas*, selección de Gregorio Weinberg, Buenos Aires, Eudeba.

BELTRÁN, Juan Ramón (1944), "La Facultad de Ciencias Médicas y la Revolución de Mayo", en *Publicaciones de la Cátedra de Historia de la Medicina*, 8, pp. 17-26.

BERTOMEU SÁNCHEZ, José R. y Antonio García Belmar (2001), "Tres proyectos de creación de instituciones científicas durante el reinado de José I", en J. A. Armillas (coord.), *La guerra de la independencia. Estudios*, 2 vols., Zaragoza, Diputación, vol. I, pp. 301-325.

BESIO MORENO, Nicolás ([1920] 1995), *Las fundaciones matemáticas de Belgrano*, Buenos Aires, Instituto Nacional Belgraniano.

[Biblioteca Nacional] (1944-1946), "Catálogo de las primeras donaciones a la Biblioteca Nacional", en *Revista de la Biblioteca Nacional*, 10 (30): 493-504; 11 (31): 253-256; 11 (32): 495-503; 12 (33): 245-256; 12 (34): 495-502; 13 (35): 234-248; 14 (38): 493-505.

BIFANO, Claudio y Guillermo Whittembury (2007), "The First Publication of the New Chemistry in America in *Mercurio Peruano* (1792) by Joseph Coquette", en *Interciencia*, 32(4), pp. 281-288.

BRASCH, Frederick E. (1916), "John Winthrop (1714-1779), America's First Astronomer, and the Science of his Period", en *Publications of the Astronomical Society of the Pacific*, 28(165), pp. 152-170.

— (1943), "Thomas Jefferson, the Scientist", en *Science*, 97(2.518), pp. 300 y 301.

BROWN, Sanborn C. (1965), *El conde Rumford*, Buenos Aires, Eudeba.

BUECHLER, Rose Marie (1973), "Technical Aid to Upper Peru: The Nordenflicht Expedition", en *Journal of Latin American Studies*, 5 (1): 37-77.

BUFFON, Conde de (1848), *Obras completas*, t. XIII: *Historia de los minerales*, t. 2, Madrid, Mellado.

BUSTOS, Zenón (1910), *Anales de la Universidad Nacional de Córdoba*, vol. 3., Córdoba, Tipografía La Industrial.

CAILLET-BOIS, Ricardo (1932), "La expedición de Rubín de Celis en busca del Mesón de Fierro", en *Boletín del Instituto de Investigaciones Históricas*, t. 15, año 11, núm. 53-54, pp. 531-554.

— (1961), "Las corrientes ideológicas europeas del siglo XVIII y el Virreinato del Río de la Plata", en Ricardo Levene (ed.), *Historia de la Nación Argentina*, 3ª ed., 11 vols., Buenos Aires, El Ateneo, vol. v.1, pp. 11-25.

CALVO, Carlos (1865), *Anales Históricos de la Revolución de la América Latina*, t. IV, París, Garnier.

CALVO, Nancy, Roberto Di Stefano y Klaus Gallo (eds.) (2002), *Los curas de la revolución*, Buenos Aires, Emecé.

CALVO, Nancy y Rodolfo Pastore (2005), "De viajeros y periodismo ilustrado. Los aportes del naturalista Tadeo Haenke en el *Telégrafo Mercantil* del Río de la Plata (1801-1802)", en *Dieciocho*, 28 (2), pp. 23-46.

CALLISEN, Adolph Carl Peter (1833), *Medicinisches Schriftsteller-Lexikon*, vol. XV. Copenhague.

CAMPBELL, Margaret V. (1959), "Education in Chile, 1810-1842", en *Journal of Inter-American Studies*, 1 (4), pp. 353-375.

CANTÓN, Eliseo (1921), *La Facultad de Medicina y sus escuelas. Primera parte: la medicina, su ejercicio y enseñanza en el pasado colonial y en la Independencia (1580-1821)*, Buenos Aires, Coni.

CAPEL, Horacio (2005), "El ingeniero militar Félix de Azara y la frontera americana como reto para la ciencia española", en *Tras las huellas de Félix de Azara (1742-1821)*, Huesca, Diputación de Huesca, pp. 83-132.

CARAMALHO DOMÍNGUEZ, João (2008), *Lacroix and the calculus*, Boston, Birkhäuser, Science Network Historical Studies, serie 15.

CASTELLANOS, Alfredo R. (1948), "La biblioteca científica de Dámaso Larrañaga", en *Revista Histórica* [Montevideo], t. 16, núm. 46-48, pp. 589-626.

— (1951), "Contribución al estudio de las ideas del Pbro. Dámaso Larrañaga", en *Revista Histórica* [Montevideo], t. 17, núm. 49-50, pp. 1-118.

CASTRO LÓPEZ, M. (1918), "Una Escuela de Matemática en Córdoba", en *Revista de Derecho, Historia y Letras*, año 15, t. 44, pp. 231-237.

COHEN, I. Bernard (1976), "Science and the Growth of the American Republic", en *The Review of Politics*, 38 (3), pp. 359-398.

— (1981), "Franklin, Benjamin", en Charles C. Gillispie (ed.), *Dictionary of Scientific Biography*, 16 vols., Nueva York, Charles Scribner's Sons, vol. v, pp. 129-139.

Correo de Comercio (1970), Buenos Aires, Academia Nacional de la Historia.

COULOMB, Charles-Agustin de (1788), "Description d'une boussole, dont l'aiguille est suspendue par un fil de soie", en *Mémoires de l'Académie royale des sciences*, pp. 560-568.

CUVIER, Georges (1836), *Recherches sur les ossements fossiles*, 4ª ed., vol. VIII, París, Edmond d'Ocagne.

CHIARAMONTE, José Carlos (1982), *La crítica ilustrada de la realidad*, Buenos Aires, CEAL.

— (2007), *La ilustración en el Río de la Plata. Cultura eclesiástica y cultura laica durante el virreinato*, Buenos Aires, Sudamericana.

DAINVILLE, François (1978), *L'education des jesuites (xvie-xviiie siècles)*, París, Minuit.

DASSEN, Claro C. (1924), *Evolución de las ciencias en la República Argentina 1872-1922. IV. Matemáticas*, Buenos Aires, Sociedad Científica Argentina.

DE LA C. PUIG, Juan (1910), *Antología de Poetas Argentinos*, t. III: *Paz y Libertad*, Buenos Aires, Martín Biedma.

DESTEFANI, Laurio H. y Donald Cutter (1966), *Tadeo Haenke y el final de una vieja polémica*, Buenos Aires, Secretaría de Estado de Marina.

D'IRSAY, Stephen (1933-1935), *Histoire des universités françaises et étrangères*, 2 vols., París, Auguste Picard.

DOMÍNGUEZ, Juan A. (1929), "Aimé Bonpland", en *Anales de la Sociedad Científica Argentina*, 108, pp. 407-435.

D'ORBIGNY, Alcide (1842), *Voyage dans l'Amérique méridionale*, t. 3, parte 3, *Geología*, París, P. Bertrand, y Estrasburgo, Levrault.

El Censor [7 de enero al 24 de marzo de 1812], en *Biblioteca de Mayo*, vol. VII, Buenos Aires, Senado de la Nación, 1960.

El Censor [15 de agosto de 1815 al 6 de febrero de 1819], en *Biblioteca de Mayo*, vol. VIII, Buenos Aires, Senado de la Nación, 1960.

ELÍAS DEL CARMEN (1911), *Physica generalis nostri Philosophice Cursus pars Tertia* [...], en Juan Chiabra (ed.), *La enseñanza de la filosofía en la época colonial*, Universidad Nacional de La Plata, Biblioteca Centenaria, 2, Buenos Aires, Coni, pp. 173-333.

ESPINOSA, Juan Manuel (1995), "Un científico newtoniano en la Nueva España del siglo XVIII: Antonio de León y Gama", en Celina Lértora Mendoza (comp.), *Newton en América*, Buenos Aires, FEPAI, pp. 17-28.

FALCAO ESPALTER, M. (1920), "Cartas científicas de Larrañaga. Introducción, edición y notas", en *Revista del Instituto Histórico y Geográfico del Uruguay*, 2 (1), pp. 57-98.

— (1921), "Cartas científicas de Larrañaga. Edición y notas", en *Revista del Instituto Histórico y Geográfico del Uruguay*, 2 (2), pp. 295-339.

FALKNER, Thomas (1935), *Description of Patagonia and the Adjoining Parts of South America*, ed. por Arthur E. Neumann, Chicago, Armann & Armann.

FAVARO, Edmundo (1950), *Dámaso Antonio Larrañaga. Su vida y su época*, Montevideo, Universidad de la República.

FLORES CLAIR, Eduardo (1999), "El Colegio de Minería: una institución ilustrada a fines del siglo XVIII novohispano", en *Estudios de Historia Novohispana*, núm. 20, pp. 33-65.

FOUCAULT, Philippe (1994), *El pescador de orquídeas. Aimé Bonpland, 1773-1858*, Buenos Aires, Emecé.

FRASCHINI, Alfredo (ed.) (2005), *Index librorum Bibliothecae Collegii Maximi Cordubensis Societatis Iesu 1757*, 2 vols., Córdoba, Universidad Nacional de Córdoba.

FURLONG, Guillermo (1944), *Bibliotecas argentinas durante la dominación hispana*, Buenos Aires, Huarpes.

— (1945), *Matemáticos argentinos durante la dominación hispánica*, Buenos Aires, Huarpes.

— (1948), *Naturalistas argentinos durante la dominación hispánica*, Buenos Aires, Huarpes.

— (1952), *Nacimiento y desarrollo de la filosofía en el Río de la Plata 1536-1810*, Buenos Aires, Kraft.

— (1956), "The Influence of Benjamín Franklin in the River Plate Area befote 1810", en *The Americas*, 12 (3): 259-263.

Gaceta de Buenos Aires [1810-1821] (1910-1915), reimpresión facsimilar, 6 vols., Buenos Aires, Junta de Historia y Numismática Americana.

GARCÍA DE LOYDI, Ludovico (1975), "Canónigo Saturnino Segurola (1776-1854)", en *Archivum*, 12, pp. 7-90.

GARRO, Juan Mamerto (1882), *Bosquejo histórico de la Universidad de Córdoba*, Buenos Aires, M. Biedma.

GARZÓN MACEDA, Félix (1961), "La enseñanza de la medicina durante el momento histórico del Virreinato", en Ricardo Levene (ed.), *Historia de la Nación Argentina*, 3ª ed., 11 vols., Buenos Aires, El Ateneo, vol. IV.1, pp. 153-165.

GICKLHORN, Josef (1939), "Thaddäus Haenke als deutscher Chemiker und Pionier einer Nationalwirtschaft in Südamerika während 1789-1817", en *Angewandte Chemie*, año 59, núm. 14, pp. 257-260.

GILLISPIE, Charles C. (1959), "Science in the French Revolution", en *Proceedings of the National Academy of Science*, 45, pp. 677-684.

GINGERICH, Owen (2002), "The Copernican Revolution", en Gary B. Ferngren (ed.), *Science and Religión. A Historical Introduction*, Baltimore, Johns Hopkins University Press, pp. 95-104.

GLICK, Thomas (1989), "Imperio y dependencia científica en el siglo XVIII español e inglés: la provisión de instrumentos científicos", en José L. Peset (ed.), *Ciencia, vida y espacio en Iberoamérica*, 3 vols., Madrid, CSIC, t. III, pp. 49-63.

— (1991), "Science and Independence in Latin America (with Special referente to New Granada)", en *Hispanic American Historical Review*, 71 (2), pp. 307-334.

GLICK, Thomas y David M. Quinlan (1975), "Félix de Azara: The Myth of the Isolated Genius in Spanish Science", en *Journal of the History of Biology*, 8 (1), pp. 67-83.

GONDRA, Luis R. (1923), *Las ideas económicas de Manuel Belgrano*, Buenos Aires, Talleres Gráficos Argentinos L. J. Rosso.

GOODMAN, David (1983), "Science and the Clergy in the Spanish Enlightenment", en *History of Science*, 21, pp. 111-140.

GOODMAN, David y Colin A. Russell (1991), *The Rise of Scientific Europe, 1500-1800*, Londres, Hodder & Stoughton-The Open University Press.

GRENÓN, Juan Pedro (1920), *Los Funes y el padre Gaspar Juárez*, 2 vols., Córdoba (Argentina), Cubas.

— (1928), "Un mineralogista afrancesado", en *Boletín del Instituto de Investigaciones Históricas*, año 7, núm. 37, pp. 33-46.

GROUSSAC, Paul (1900a), "Noticia de la vida y trabajos científicos de Tadeo Haenke", en *Anales de la Biblioteca*, vol. 1, pp. 17-57.

— (1900b), "Expediente relativo al llamamiento de don Tadeo Haenke por el gobierno español", en *Anales de la Biblioteca*, vol. 1, pp. 186-192.

— (1901), *Noticia histórica sobre la Biblioteca Pública (1810-1901)*, Buenos Aires, Coni.

GUERLAC, Henry (1955), "Some Aspects of Science during the French Revolution", en *The Scientific Monthly*, 80 (2), pp. 93-101.

GUEVARA, José (1908), "Historia del Paraguay, Río de la Plata y Tucumán", ed. P. Groussac, en *Anales de la Biblioteca*, vol. 5.

GUTIÉRREZ, Juan María (1860), "Don Hipólito Vieites [sic]", en Juan María Gutiérrez, *Apuntes biográficos de escritores, oradores y hombres de estado de la República Argentina*, Buenos Aires, Imprenta de Mayo, pp. 111-116.

— (1877), *Don Esteban de Luca. Noticias sobre su vida y escritos*, Buenos Aires, Imprenta y Librerías de Mayo.

— (1998), *Noticias históricas sobre el origen y desarrollo de la enseñanza pública superior en Buenos Aires*, Bernal, Universidad Nacional de Quilmes.

HAENKE, Tadeo (1900a), "Historia Natural de Cochabamba", ed. Groussac, en *Anales de la Biblioteca*, vol. 1, pp. 59-150.

— (1900b), "Memoria de los ríos navegables que fluyen en el Marañón", ed. Groussac, en *Anales de la Biblioteca*, vol. 1, pp. 151-171.

— (1900c), "Descripción de las montañas habitadas por los indios Yuracarées", ed. Groussac, en *Anales de la Biblioteca*, vol. 1, pp. 172-185.

HALPERÍN DONGHI, Tulio (1961), *El Río de la Plata al comenzar el siglo XIX*, Buenos Aires, Universidad de Buenos Aires-FFYL-Cátedra de Historia Social.

— (2000), *De la Revolución de independencia a la confederación rosista*, 3ª ed., Buenos Aires, Paidós.

HANKINS, Thomas L. (1985), *Science and the Enlightenment*, Cambridge, Cambridge University Press.

HEILBRON, John L. (1979), *Electricity on the 17th and 18th Centuries. A Study of Early Modern Physics*, Berkeley, University of California Press.

HEREDIA, Edmundo A. (1990), "José de Lanz, un mexicano al servicio de las Provincias Unidas del Río de la Plata y de la Gran Colombia (1816-1827)", en *Anuario de Estudios Americanos*, vol. 47, pp. 497-598.

HERNÁNDEZ, Horacio H. (1981), "La medicina a través de las obras del fondo constitutivo de la Biblioteca Pública de Buenos Aires", en *Quirón*, 12 (1/2), pp.121-124.

HERTER, Guillermo (1925-1926), "Los dibujos de plantas de Don Dámaso A. Larrañaga", en *Anales del Museo Nacional de Montevideo*, serie II, vol. 2, pp. 409-426.

HOWARD, Edgard (1802), "Experiments and observations on certain stony and metalline substances, which at different times are said to have fallen on the Earth; also on various kinds of native iron", en *Philosophical Transactions of the Royal Society*, 92, pp. 168-212.

HUMPHREYS, Robert A. (1952), *Liberation on South America: the Career of James Paroissien*, Londres, University of London.

INSTITUTO DE INVESTIGACIONES HISTÓRICAS [UBA, FFYL] (1933-1936), *Documentos para la Historia Argentina*, t. XII: *Política Exterior, Comisión de Bernardino Rivadavia ante España y otras potencias de Europa (1814-1820)*, Buenos Aires, Imprenta de la Universidad.

KEEDING, Ekkehart (1973), "Las ciencias naturales en la Antigua Audiencia de Quito: el sistema copernicano y las leyes newtonianas", en *Boletín de la Academia Nacional de Historia*, Quito, 57(122), pp. 43-67.

KEENAN, Philip (1993), "Astronomy in the Viceroyalty of Peru", en A. Lafuente, A. Elena y M. L. Ortega (eds.), *Mundialización de la ciencia y cultura nacional*, Madrid, Universidad Autónoma-Doce Calles, pp. 297-305.

KILGOUR, Frederick G. (1967), "Science in the American Colonies and the Early Republic, 1664-1845", en *Journal of World History*, 10 (2), pp. 393-415.

KIRWAN, Richard (1797), "On the Primitive State of the Globe and Its Subsequent Catastrophe", en *Transactions of the Royal Irish Academy*, 6, pp. 233-308.

KOHLSTEDT, Sally Gregory (1985), "Institutional History", en *Osiris*, 2ª serie, 1: 17-36.

La Crónica Argentina [30 de agosto de 1816 al 8 de febrero de 1817] (1960), en *Biblioteca de Mayo*, vol. VII, Buenos Aires, Senado de la Nación.

La Prensa Argentina [5 de septiembre de 1815 al 12 de noviembre de 1816] (1960), en *Biblioteca de Mayo*, vol. VII, Buenos Aires, Senado de la Nación.

LAFUENTE, Antonio (1982), "Las Academias Militares y la inversión en ciencia en la España ilustrada (1750-1760)", en *Acta Hispanica ad Medicinae Scientarumque Historiam Illustrandam*, 2, pp. 193-209.

— (2000), "Enlightenment in an Imperial Context: Local Sciences in the Eighteenth-Century Hispanic World", en *Osiris*, 2ª serie, 15, pp. 155-173.

LAFUENTE, Antonio y Nuria Valverde (2003), *Los mundos de la ciencia en la Ilustración Española*, Madrid, Fundación Española para la Ciencia y la Tecnología.

LAMAS, Andrés (1871), "El aerolito del Chaco", en *Revista del Río de la Plata*, 1, pp. 533-555.

LANNING, John Tate (1967), "Tradition and the Enlightenment in the Spanish Colonial Universities", en *Cahiers d'histoire mondiale*, 10 (4), pp. 705-721.

LARRAÑAGA, Dámaso (1823), "Note sur le Megaterium de Cuvier, l'Hydromis, et une variété nouvelle de Maïs", en *Bulletin des Sciences* [de la Société Philomatique], p. 83.

— (1922-1930), *Escritos*, 5 vols., Montevideo, Instituto Histórico y Geográfico del Uruguay.

— (1924a), "Memoria geológica sobre la formación del Río de la Plata, deducida de sus conchas fósiles", en Dámaso Larrañaga, *Escritos*, III, pp. 7-20.

— (1924b), "Tierra", en Dámaso Larrañaga, *Escritos*, III, pp. 29-36.

LASCANO GONZÁLEZ, Antonio (1980), *El Museo de Ciencias Naturales de Buenos Aires. Su historia*, Buenos Aires, Ediciones Culturales Argentinas.

LÉRTORA MENDOZA, Celina (1979), *La enseñanza de la filosofía en tiempos de la colonia. Análisis de cursos manuscritos*, Buenos Aires, FECIC.

— (1989), "Los estudios superiores rioplatenses y su función en la dinámica cultural", en J. L. Peset (ed.), *Ciencia, vida y espacio en Iberoamérica*, 3 vols., Madrid, CSIC, vol. 1, pp. 389-422.

— (1993), "Introducción de las teorías newtonianas en el Río de la Plata", en A. Lafuente, A. Elena y M. L. Ortega (eds.), *Mundialización de la ciencia y cultura nacional*, Madrid, Universidad Autónoma-Doce Calles, pp. 307-323.

— (1995), "Bibliografía newtoniana en el Río de la Plata", en Celina Lértora Mendoza (comp.), *Newton en América*, Buenos Aires, FEPAI, pp. 81-101.

— (1999), "La enseñanza elemental y universitaria", en Academia Nacional de la Historia, *Nueva Historia de la Nación Argentina*, vol. 3: *Período español (1600-1800)*, pp. 369-402.

— (2000), "Nollet y la difusión de Newton en el Río de la Plata", en C. Lértora Mendoza, Efthymios Nicolaïdis y Jan Vandersmissen (eds.), *The Spread of the Scientific Revolution in the European Periphery*, Turnhout, Brepols, pp. 123-136.

Levene, Ricardo (dir.) (1961), *Historia de la Nación Argentina*, 3ª ed., 11 vols., Buenos Aires, El Ateneo.

López, Vicente Fidel (1944), *Historia de la República Argentina*, 6 vols., Buenos Aires, Sopena.

López Piñero, J. M. (1988), "Juan Bautista Bru (1740-1799) and the Description of the Genus *Megatherium*", en *Journal of the History of Biology*, 21 (1), pp. 147-163.

Los Amigos de la Patria y de la Juventud. 1815-1816 (1961), Periódicos de la época de la Revolución de Mayo, t. v, Buenos Aires, Academia Nacional de la Historia.

Loza, Emilio (1935), "Breve noticia sobe la fábrica de pólvora de Córdoba", en *Boletín del Instituto de Investigaciones Históricas*, años 13 y 14, t. 19, pp. 83-93.

Maldonado Polo, José Luis (1995), "La expedición botánica de Centroamérica (1786-1799). La flora de Guatemala", en José Luis Maldonado Polo, *"Flora de Guatemala" de José Mociño*, Madrid, Doce Calles-Consejo Superior de Investigaciones Científicas, pp. 17-136

Martín, María H., Alberto S. J. de Paula y Ramón Gutierrez (1976-1980), *Los ingenieros militares y sus precursores en el desarrollo argentino*, 2 vols., Buenos Aires, Fabricaciones Militares.

Martínez Martín, Carmen (1997), "Aportaciones cartográficas de D. Félix de Azara sobre el Virreinato del Río de la Plata", en *Revista Complutense de Historia de América*, 23, pp. 167-192.

Martínez Paz, E. (1915), "La filosofía en el Plan de estudios del deán Funes", en *Revista de la Universidad Nacional de Córdoba*, año 2, núm. 7, pp. 55-67.

— (1919), "Una tesis de filosofía del siglo xviii en la Universidad de Córdoba", en *Revista de la Universidad de Córdoba*, año 6, núm. 1, pp. 228-286.

Ministerio de Justicia e Instrucción Pública (1903), *Antecedentes sobre enseñanza secundaria y normal en la República Argentina*, Buenos Aires, Talleres Tipográficos de la Penitenciaría Nacional.

Mitre, Bartolomé (1871), "Viajes inéditos de don Félix de Azara", en *Revista del Río de la Plata*, 1, pp. 47-65.

— (1890), *Historia de San Martín y de la emancipación sudamericana*, 2ª ed. corregida, 4 vols., Buenos Aires, Felix Lejeune.

— (1950), *Historia de Belgrano y de la Independencia Argentina*, Buenos Aires, Anaconda.

Molinari, José Luis (1932), "El *Diario* de Tadeo Haenke sobre la vacuna", en *Estudios*, 46 (6), pp. 429-441.

— (1957), "Buenos Aires y su escuela médica del siglo xviii", en *Boletín de la Academia Nacional de la Historia*, año 34, núm. 28, pp. 402-451.

— (1960), "Manuel Belgrano, sus enfermedades, sus médicos", en *Historia*, año 5, núm. 20, pp. 88-159.

Molinari, José Luis y Horacio Hernández (1960), "Los estudios médicos en el Virreinato del Río de la Plata hacia la época de la Revolución de Mayo de 1810", en *Anuario del Instituto de Investigaciones Históricas*, 4 (4), pp. 597-648.

Molinari, José Luis y Carlos G. Ursi (1961), "El mal de los siete días y el aceite de palo", en *Revista de la Asociación Médica Argentina*, 75(11), pp. 615-621.

Moreno, Manuel (1822), "Memoria sobre el fierro nativo que se encuentra en los campos del Gran Chaco, llamado fierro de Santiago del Estero o el Tucumán", en *La Abeja Argentina*, 15 de octubre, núm. 7, t. i, pp. 276-287.

[Muñoz, Bartolomé D.] (1822), *Almanak para el año de 1822, décimo tercio de nuestra libertad*, Buenos Aires, Imprenta de los Expósitos.

Navarro Brotóns, Victor (2006), "Science and Elightenment in Eighteenth-Century Spain: The Contribution of the Jesuits before and after the Expulsion", en John O'Malley SJ, Gauvin Alexander Bailey, Steven J. Harris y T. Frank Kennedy SJ (eds.), *The Jesuits II. Cultures, Sciences and the Arts 1540-1773*, Toronto, University of Toronto Press, pp. 390-404.

Nicolau, Juan Carlos (2005), *Ciencia y técnica en Buenos Aires, 1800-1860*, Buenos Aires, Eudeba.

ONNA, Alberto F. (2000), "Estrategias de visualización y legitimación de los primeros paleontólogos en el Río de la Plata durante la primera mitad del siglo XIX: Francisco Javier Muñiz y Teodoro Miguel Vilardebó", en Marcelo Montserrat (comp.), *La ciencia en la Argentina entre siglos*, Buenos Aires, Manantial, pp. 53-70.

OYARVIDE, Andrés de (1865), "Memoria geográfica de los viajes practicados desde Buenos Aires hasta el Salto Grande del Paraná por las primera y segunda partidas de la demarcación de límites", en Carlos Calvo (ed.), *Recueil historique des traités* ..., vol. VII, París, Garnier.

PABST, Juan (1924), "Introducción", en *Documentos para la Historia Argentina, t. XVIII, Cultura. La enseñanza durante la época colonial (1771-1810)*, Buenos Aires, Facultad de Filosofía y Letras (UBA), Instituto de Investigaciones Históricas, Peuser, pp. xi-ccxii.

PALCOS, Alberto (1936), *La visión de Rivadavia*, Buenos Aires, El Ateneo.

PARADA, Alejandro (1997), "Libros de medicina en bibliotecas particulares argentinas durante el período hispánico. Primera parte", en *Saber y Tiempo*, 1 (4): 463-488.

— (1998) "Libros de medicina en bibliotecas particulares argentinas durante el período hispánico. Segunda parte: listado preliminar", en *Saber y Tiempo* 2 (3): 113-133.

PARISH, Woodbine (sir) (1839), *The Provinces of the Rio de la Plata*, Londres, Murray.

— (1852), *The Provinces of the Rio de la Plata*, 2ª edición aumentada, Londres, W. Clowes & Sons.

PENCHASZADEH, Pablo y Miguel de Asúa (2009), *Aimé Bonpland en Sudamérica*, Buenos Aires, Museo Argentino de Ciencias Naturales.

PICCIRILLI, Ricardo (1960), *Rivadavia y su tiempo*, 3 vols., Buenos Aires, Peuser.

PIERROTTI, Nelson (1999), "Los estudios de temas matemáticos anteriores a la creación de la facultad de matemáticas en Uruguay (1888)", en *Galileo* (segunda época) [Montevideo. Departamento de Historia y Filosofía de la Ciencia. Instituto de Filosofía. Universidad de la República], núm. 19. Disponible en línea: <http://galileo.fcien.edu.uy/los_estudios_de_temas_matematicos.htm>

— (2000), "La Academia Militar de Matemáticas de 1800: Documentos para el análisis de su programa de estudios", en *Galileo* (segunda época) [Montevideo. Departamento de Historia y Filosofía de la Ciencia. Instituto de Filosofía. Universidad de la República], núm. 22. Disponible en línea: <http://galileo.fcien.edu.uy/academia_militar_1800.htm>

PODGORNY, Irina (2000), "Los gliptodontes en París: las colecciones de mamíferos fósiles pampeanos en los museos europeos del siglo XIX", en Marcelo Montserrat (comp.), *La ciencia en la Argentina entre siglos*, Buenos Aires, Manantial, pp. 309-327.

PRELAT, Carlos E. (1960), *La ciencia y la técnica en el "Semanario" de Vieytes*, Bahía Blanca, Universidad Nacional del Sur.

PYENSON, Lewis y Jean-François Gauvin (2002), *The Art of Teaching Physics: The Eighteenth-Century Demostration Apparatus of Jean Antoine Nollet*, Quebec, Septentrion.

QUIROGA, Marcial (1972), *Manuel Moreno*, Buenos Aires, Eudeba.

RAMÍREZ ROZZI, Fernando e Irina Podgorny (2001), "La metamorfosis del megaterio", en *Ciencia Hoy*, vol. 11, núm. 61, pp. 12-19.

RAMOS LARA, María de la Paz (1995), "La mecánica newtoniana y la institucionalización de la física en México", en Celina Lértora Mendoza (comp.), *Newton en América*, Buenos Aires, FEPAI, pp. 11-16.

REDHEAD, Joseph (1819), *Memoria sobre la dilatación progresiva del aire atmosférico*, Buenos Aires, Imprenta de la Independencia.

[Revista de la Biblioteca Nacional] (1940), "Inventario de los documentos de la donación Segurola a la Biblioteca Pública de Buenos Aires", t. IV, núm. 13.

ROCHE, Marcel (1976), "Early History of Science in Spanish América", en *Science*, 194, pp. 806-810.

ROMANO, Antonella (2006), "Teaching Mathematics in Jesuit Schools: Programs, Course Content, and Classroom Practices", en John O'Malley SJ, Gauvin Alexander Bailey, Steven J. Harris y T. Frank Kennedy SJ (eds.), *The Jesuits II. Cultures, Sciences and the Arts 1540-1773*, Toronto, University of Toronto Press, pp. 355-370.

ROMERO SOSA (1944), "Tres médicos coloniales en Salta: Miln, Redhead y Castellanos", en *Publicaciones de la Cátedra de Historia de la Medicina*, 7, pp. 205-235.

RUBÍN DE CELIS, Miguel (1778), "An Account of a Mass of Native Iron, Found in South-America", en *Philosophical Transactions of the Royal Society*, 78, pp. 37-42 y 183-189.

RUIZ MORENO, Aníbal (1947), "Introducción de la vacuna en América (Expedición de Balmis)", en *Publicaciones de la Cátedra de Historia de la Medicina*, 9 (2), pp. 7-212.

RUIZ MORENO, Aníbal, Vicente A. Risolía y Rómulo D'Onofrio (1955), "Aimé Bonpland. Aportaciones de carácter inédito sobre su actividad científica en América del Sud", en *Publicaciones del Instituto de Historia de la Medicina*, vol. 17.

RUPKE, Nicolaas A. (2002), "Geology and Paleontology", en Gary B. Ferngren (ed.), *Science and Religion. A Historical Introduction*, Baltimore, Johns Hopkins University Press, pp. 179-194.

SALADINO GARCÍA, Alberto (2001), "La divulgación científica y técnica en América Latina. Génesis y expectativas", en *Gaceta ISCEEM*, núm. 23, pp. 6-9.

SALVADORES, Antonino (1961a), "Real Colegio de San Carlos", en Ricardo Levene (dir.), *Historia de la Nación Argentina*, 3ª ed., 11 vols., Buenos Aires, El Ateneo, IV.2, pp.125-131.

—(1961b), "La Universidad de Córdoba", en Ricardo Levene (dir.), *Historia de la Nación Argentina*, 3ª ed., 11 vols., Buenos Aires, El Ateneo, IV.2, pp. 133-143.

SANTILLANA, Diego Abad de (1956-1964), *Gran Enciclopedia Argentina*, 9 vols., Buenos Aires, Ediar.

SARMIENTO, Domingo F. (1938), *Facundo*, ed. Alberto Palcos, La Plata, Universidad Nacional de La Plata.

SCHMITT, Karl (1959), "The Clero and the Enlightenment in Latin America: An Analysis", en *The Americas*, 15, pp. 381-391.

SCHULLER, R. R. (1904), "Prólogo", en Félix de Azara, *Geografía física y esférica de las provincias del Paraguay y misiones guaraníes*, Montevideo, Anales del Museo Nacional de Montevideo, pp. lxiv-cxxxii.

SELVA, Manuel (1917), "Manuscritos inéditos del padre Noseda sobre aves del Paraguay", en *Physis*, 3, pp. 180-186.

Semanario de Agricultura, Industria y Comercio (2004), 5 vols. [reimpresión facsimilar], Buenos Aires, Docencia.

SOURRYÈRE DE SOUILLAC, J. (1837), *Itinerario de Buenos Ayres a Córdoba*, Buenos Aires, Imprenta del Estado.

TARRAGÓ, Rafael (2005), "Science and religión in the Spanish American Enlightenment", en *The Catholic Social Science Review*, 10, pp. 181-196.

Telégrafo Mercantil, Rural, Político-Económico e Historiógrafo del Río de la Plata (2003), 4 vols. [reimpresión facsimilar], Buenos Aires, Docencia.

TEMPLE, Edmund (1830), *Travels in Various Parts of Peru, including a year's residency in Potosi*, 2 vols., Londres, Colburn & Bentley.

TJARKS, Germán O. E. (1962), *El Consulado de Buenos Aires y sus proyecciones en la historia del Río de la Plata*, 2 vols., Buenos Aires, Universidad de Buenos Aires, Facultad de Filosofía y Letras.

TONELLI, Armando (1941), "Don Felipe Senillosa y los primeros libros de texto publicados en la Argentina", en *Estudios*, t. 65, año 31, núm. 357, pp. 219-223.

TORRE REVELLO, José (1956a), "La biblioteca que poseía en Potosí Don Pedro de Altolaguirre (1799)", en *Historia*, año 1, núm. 4, pp. 153-162.

— (1956b), "La biblioteca de Hipólito Vieytes", en *Historia*, año 2, núm. 6, pp. 72-89.

— (1965), "Bibliotecas en el Buenos Aires antiguo desde 1729 hasta la inauguración de la Biblioteca Pública en 1812", en *Revista de Historia de América*, núm. 59, pp. 1-148.

TRELLES, Manuel R. (1879), "La Bibloteca de Buenos Aires", en *Revista de la Biblioteca Pública de Buenos Aires*, 1, pp. 449-510.

— (1882), "El Padre Juan Manuel Torres", en *Revista de la Biblioteca Pública de Buenos Aires*, 4, pp. 439-448.

UDAONDO, Enrique (1945), *Diccionario biográfico colonial argentino*, Buenos Aires, Huarpes.

VALLEJOS DE LLOBET, Patricia (1993), "El vocabulario científico en la prensa iluminista porteña (1800-1825)", en *Cuadernos Americanos*, año 7, vol. 2, núm. 38, pp. 205-224.

VARELA DOMÍNGUEZ DE GHIOLDI, Delfina (1938), "Prólogo", en Juan Crisóstomo Lafinur, *Curso filosófico*, Buenos Aires, FFYL de la UBA, Instituto de Filosofía, pp. 9-51.

VARGAS UGARTE, Rubén (1931), *Don Benito María de Moxó y de Francolí*, Publicaciones del Instituto de Investigaciones Históricas, 56, Buenos Aires, Imprenta de la Universidad.

WOODHAM, John E. (1970), "The Influence of Hipólito Unánue on Peruvian Medical Science, 1789-1820: A Reappraisal", en *Hispanic American Historical Review*, 50 (4), pp. 693-714.

YORK, Neil (2001), "Revolutionary War and Science", en Marc Rothenberg (ed.), *The History of Science in the United States. An Encylopedia*, Nueva York, Garland, pp. 471 y 472.

ZINNY, Antonio (1868), *Efemeridografía argirometropolitana hasta la caída del gobierno de Rosas*, Buenos Aires, Imprenta de Mayo.

— (1875), *Gaceta de Buenos Aires desde 1810 hasta 1821*, Buenos Aires, Imprenta La Americana.

ZURETTI, Juan Carlos (1950), "Algunas corrientes filosóficas en Argentina durante el período hispánico. La llamada filosofía moderna", en *Actas del Primer Congreso Nacional de Filosofía*, Mendoza, 30 de marzo-9 de abril de 1950, 3 vols., Mendoza, Universidad Nacional de Cuyo, vol. III, pp. 2.122-2.129.

ÍNDICE DE NOMBRES

Esta edición de *La ciencia de Mayo. La cultura científica en el Río de la Plata, 1800-1820*, de Miguel de Asúa, se terminó de imprimir en el mes de febrero de 2010 en Artes Gráficas del Sur, Alte. Solier 2450, Avellaneda, Buenos Aires, Argentina.